面向可追溯的
物联网数据采集与建模方法

齐 林 张 健 张小栓 著

科学技术文献出版社
SCIENTIFIC AND TECHNICAL DOCUMENTATION PRESS
·北京·

图书在版编目（CIP）数据

面向可追溯的物联网数据采集与建模方法 / 齐林，张健，张小栓著. —北京：科学技术文献出版社，2020.9（2022.7重印）

ISBN 978-7-5189-7187-9

Ⅰ.①面… Ⅱ.①齐… ②张… ③张… Ⅲ.①物联网—数据处理—研究 Ⅳ.① TP393.4 ② TP18

中国版本图书馆 CIP 数据核字（2020）第 190340 号

面向可追溯的物联网数据采集与建模方法

策划编辑：张 丹　责任编辑：李 鑫　责任校对：王瑞瑞　责任出版：张志平

出　版　者	科学技术文献出版社
地　　　址	北京市复兴路15号　邮编　100038
编　务　部	（010）58882938，58882087（传真）
发　行　部	（010）58882868，58882870（传真）
邮　购　部	（010）58882873
官方网址	www.stdp.com.cn
发　行　者	科学技术文献出版社发行　全国各地新华书店经销
印　刷　者	北京虎彩文化传播有限公司
版　　　次	2020 年 9 月第 1 版　2022 年 7 月第 3 次印刷
开　　　本	710×1000　1/16
字　　　数	298千
印　　　张	16.75
书　　　号	ISBN 978-7-5189-7187-9
定　　　价	78.00元

前　言

可追溯系统是保证生鲜农产品质量安全的重要手段，当前技术架构下可追溯系统面临着感知数据采集能力欠缺、追溯数据粒度输出单一、追溯平台体系结构薄弱等技术瓶颈，阻碍了系统的规模化应用。物联网技术的发展，使生鲜农产品质量安全可追溯系统突破技术与应用的瓶颈成为可能。

本书从可追溯系统的3个技术瓶颈出发，紧紧围绕物联网无处不在的数据采集、可靠的数据传输与信息处理、智能化的信息应用3个核心内涵，以动植物源性农产品可追溯供应链为研究对象，构建了物联网环境下可追溯系统数据采集与建模方法，研发了基于无线传感网络的生鲜农产品质量安全可追溯感知数据采集硬件与嵌入式软件，研究了基于无线传感网络的可追溯多传感器集成方法，设计了基于统计过程控制的可追溯感知数据时域压缩方法，针对用户数据粒度需求的差异，进行了生鲜农产品供应链上的可追溯数据兼容建模和面向粒度分级的规约，识别了可追溯数据的价值所在，设计和实现了基于云计算的可追溯综合服务平台。

本书共10章。第一章为绪论，阐述了研究的背景和开展意义，并结合研究内容所涉及领域，系统分析了国内外研究的现状和动态，提出了研究目标、内容与技术路线，展示了研究的创新之处。第二章为面向可追溯的物联网数据采集与建模概念模型，建立了研究的概念框架，从可追溯系统的感知数据监测需求、数据采集方法、系统建模方法等方面进行了系统性分析和思考，一方面，提供了可追溯系统在物联网环境下，政府、企业和社会公众等不同用户群体的功能和性能需求；另一方面，为如何满足这些需求提出了解决思路，并为下文研究的开展起到了提纲挈领的作用。

第三章至第九章从7个角度对研究内容进行了展开，为了便于组织，分为数据工程、信息工程和知识工程3个层面。在数据工程层面，第三章首先提出了基于WSN的可追溯感知数据采集方法，实现感知数据全程采集，研发了生鲜农产品质量安全数据感知节点、网关中继器和远程数据采集中间件软硬件原型进行了物理层、介质访问控制层、网络层和供应链环境下的可靠性测试；第四章，进一步地设计了基于 WSN 的可追溯数据多传感器集成方法，以鲜食葡萄冷链物流为实例，通过对业务流程及品质变化机制的分析，得到鲜食葡萄冷链物流过程中的环境参数感知需求，针对环境参数，对传感器进行选型并完成多传感器的集成和优化。

在信息工程层面，第五章首先针对感知数据射频传输能耗高导致数据采集寿命短的问题，基于统计过程控制原理，设计了改进的单值滑动极差感知数据时域压缩算法，与阈值、K-滑动均值算法对比，能耗在同一数量级，在不同的时间序列平稳性状态上，算法的平衡性和适应性好；第六章针对感知数据在采集端与数据库、异构数据库间、数据库与应用端的交换需求，设计了基于可扩展文本标记语言的可追溯感知数据交换中间件，以有限状态机原理为基础实现了数据的实时解帧，通过映射算法实现了数据由关系数据库到可扩展文本标记语言的映射转换，为数据交换提供了一致的规范化数据流。

在知识工程层面，第七章针对现有的生鲜农产品质量安全可追溯系统中，数据建模方法的规范性、一致性、兼容性差导致的系统柔性低，不能输出灵活的数据粒度问题，以结构模式识别中的模式基元理论为基础，完成了生鲜农产品质量安全可追溯系统的兼容建模，构造了描述追溯单元转化模式基元，设计了模式基元的数据存储结构与数据采集算法；第八章针对政府、企业和社会公众等不同类型的用户对可追溯数据粒度需求的差异，提出了面向粒度分级的可追溯系统建模方法，在 2 型文法的基础上，完成可追溯数据形式化描述和句子生成，改进下推自动机建立了粒度分级规约方法，以冻罗非鱼片加工、半滑舌鳎养殖、肉牛养殖与屠宰加工业务流程为实例进行了方法验证；在第九章中，识别了可追溯数据在生鲜农产品供应链上各阶段的潜在价值，设计了基于云计算的可追溯综合服务平台，实现了平台级可追溯服务，在数据采集、信息追溯和智能决策等方面改善了生鲜农产品供应链管理水平。

最后，第十章为结论与展望，对研究结论进行总结，展望了各部分研究未来的改进方向。

本书的研究在开展过程中，得到了中国农业大学工学院傅泽田教授和英国朴茨茅斯大学商学院 Mark Xu 教授的悉心指导，在成果结集出版的过程中得到了智能决策与大数据应用北京市国际科技合作基地、食品质量与安全北京实验室、北京循环经济体系（产业）协同创新中心、北京知识管理研究基地、绿色发展大数据决策北京市重点实验室的支持，齐鲁工业大学（山东省科学院）的韩玉冰博士、中国农业大学的张雷硕士和王载琼硕士对本书第三、第四、第六章做出了贡献，在此一并表示诚挚的感谢！

　　由于是首次系统性地论述面向生鲜农产品质量安全可追溯的物联网数据采集与建模方法，本书提出的一些理论、概念和方法难免有不准确和值得商榷的地方。同时，由于受技术、经济和时间等诸多因素的限制，本书所涉及的实验、实证仍存在进一步完善的空间。对于纰漏之处，敬请读者和同行不吝赐教！

作者

2020 年 4 月 1 日于北京

目　录

第一篇　概念框架

第一章　绪　论 ·· 3

第一节　研究的背景和意义 ······································ 3

第二节　国内外在相关领域的研究现状 ·························· 5

第三节　研究目标、研究内容与技术路线 ······················ 16

第四节　研究的主要创新 ·· 20

第二章　面向可追溯的物联网数据采集与建模概念模型 ·········· 21

第一节　研究范畴界定 ·· 21

第二节　可追溯系统的感知数据监测需求 ······················ 24

第三节　可追溯系统的数据采集方法 ·························· 37

第四节　可追溯系统的建模方法 ······························ 42

第五节　面向可追溯的物联网技术概念模型 ···················· 46

本章小结 ·· 48

第二篇　数据工程

第三章　基于 WSN 的可追溯感知数据采集方法 ················ 51

第一节　采集方法的总体设计 ···································· 52

第二节　系统硬件设计 ·· 57

第三节　系统软件设计 ·· 72

第四节　感知数据采集系统测试 ································ 80

本章小结 ·· 88

第四章　基于 WSN 的可追溯数据多传感器集成方法 ……… 90

　第一节　生鲜农产品供应链感知参数需求分析——以鲜食葡萄冷链
　　　　　气调综合保鲜供应链为例 …………………………… 90

　第二节　多传感器集成方法硬件设计 …………………… 100

　第三节　多传感器集成方法软件设计 …………………… 108

　第四节　多传感器集成方法测试与优化 ………………… 113

　本章小结 ……………………………………………………… 122

第三篇　信息工程

第五章　基于 SPC 的可追溯感知数据时域压缩方法 ……… 125

　第一节　感知数据时域压缩的特征分析 ………………… 125

　第二节　基于规则的感知数据时域压缩算法设计 ……… 131

　第三节　感知数据时域压缩算法的性能分析 …………… 140

　本章小结 ……………………………………………………… 145

第六章　基于 XML 的可追溯感知数据交换中间件 ……… 147

　第一节　可追溯感知数据交换的需求分析——以水产品冷链物流
　　　　　为例 …………………………………………………… 147

　第二节　可追溯感知数据交换中间件的设计 …………… 161

　第三节　可追溯感知数据交换中间件的实现 …………… 187

　本章小结 ……………………………………………………… 192

第四篇　知识工程

第七章　面向模式基元的生鲜农产品供应链兼容建模方法 ……… 195

　第一节　基于改进 GS1 全球可追溯标准的模式基元选择 ……… 196

　第二节　面向模式基元的可追溯数据存储结构设计 ……… 198

　第三节　面向模式基元的可追溯数据采集算法 ………… 202

　本章小结 ……………………………………………………… 205

第八章 面向数据粒度分级的可追溯系统建模方法 ·················· 206

　　第一节 基于2型文法的可追溯数据形式化描述方法 ··········· 206

　　第二节 基于递归的句子生成算法 ························· 208

　　第三节 基于改进下推自动机的可追溯数据粒度分级方法 ······ 211

　　第四节 实证研究 ·································· 213

　　本章小结 ···································· 216

第九章 基于云计算的可追溯综合服务平台设计与实现 ·········· 217

　　第一节 平台需求分析 ······························· 217

　　第二节 平台设计与实现 ··························· 220

　　第三节 平台实施与评价 ··························· 230

　　本章小结 ···································· 235

第十章 主要研究结论与研究展望 ····················· 236

　　第一节 主要研究结论 ······························· 236

　　第二节 研究展望 ·································· 238

参考文献 ··· 239

第 一 篇

概 念 框 架

第一章　绪　论

第一节　研究的背景和意义

生鲜农产品质量安全是事关国计民生的重大课题。在殷周年间，作为中国传统哲学起源的《易经》在颐卦中告诫人君养贤、养民、养生、养形、养德、养性以利天下的道理；在当代，中国发展经历了从吃饱饭到农产品种类增多、从农产品数量安全再到当前对质量安全需求的变迁。生鲜农产品质量安全，是涉及国际贸易、全球产业分工、劳动力要素价格、市场信息对称性、政府监管交易成本等多层次、多因素的复杂系统性课题，也是事关国计民生的重大课题。

可追溯系统是保证生鲜农产品质量安全的其中一种重要手段，当前技术构架下的若干瓶颈阻碍了系统的规模化应用。可追溯系统能够在生鲜农产品生产、加工、流通和消费过程中对各种相关信息进行记录，在生鲜农产品出现质量问题时，快速有效的查询到风险环节，进行有针对性的召回和惩罚措施，是保障生鲜农产品质量安全的有效手段。作为面向企业生产者、政府监管者与消费者三类群体的复杂信息系统，可追溯系统兼有农业企业资源管理、供应链管理与优化、电子政务与生鲜农产品质量安全公共信息发布的职责。现有技术架构下，系统难以同时实现上述功能需求，这阻碍了系统的市场化推广与规模化应用。

一是感知数据采集能力欠缺，系统难以实现供应链全程管理与决策优化。现有的生鲜农产品质量安全可追溯系统在数据采集上多采用人工录入、条码识别和射频识别手段，劳动密集、资金密集，而采集的数据量有限，尤其是对生鲜农产品质量预测、供应链管理决策特别重要的感知数据采集效率低、成本高，也就无法实现数据挖掘和知识发现基础上的供应链管理优化。

二是追溯数据粒度输出单一，系统难以同时满足生产者与监管者的需求。从企业生产者的角度，可追溯系统是一种内部资源管理系统，适应着自身业务流程需要，具有精细的数据粒度；从政府监管者的角度，为降低监管的交易成本，实践中并不关心质量危害在生产者内部的责任划分，而只需要责任到法人实体的粗糙数据粒度。现有的刚性系统建模方法则难以同时满足二者的需求。

三是追溯平台体系结构薄弱，系统难以为海量用户提供规模经济的服务。作为计算机信息系统，可追溯系统的用户规模越大就越能发挥网络外部效应，降低生产者使用成本、监管交易成本，并借助平台规模效应提高公信力。随着生鲜农产品质量安全管理水平提高，追溯、监管、供应链管理决策优化和信息发布等大容量、高并发、高计算复杂度的功能将日趋重要，而现有平台的封闭式体系解构难以满足海量用户提出的规模经济高计算复杂度服务的技术需求。

物联网技术的发展，使可追溯系统突破技术与应用的瓶颈成为可能。以无线传感网络和云计算为核心的物联网技术，其内涵在于无处不在的数据采集、可靠的数据传输和信息处理及智能化的信息应用。因此，面向可追溯系统的发展需求，基于物联网核心内涵，以无线传感网络扩展数据采集能力、云计算技术构建弹性扩展的系统服务能力，辅之以灵活的系统底层数据建模，就有可能突破现有生鲜农产品质量安全可追溯系统技术与应用的瓶颈。

因此，开展面向可追溯的物联网数据采集与建模方法研究，对生鲜农产品质量安全管理具有重要的理论与实践意义。通过对国内外可追溯系统建模方法、WSN 在农业领域发展应用现状、WSN 感知数据压缩的研究进展、可追溯系统建模方法、云计算技术在农业领域的发展应用现状的分析，本书面向生鲜农产品质量安全可追溯领域，探索物联网的数据采集与建模方法，对相关数据采集的软硬件设计、数据压缩方法、数据兼容建模方法、基于云计算的可追溯服务平台构建等进行研究与优化，形成可追溯领域的物联网方法体系原型，提升我国生鲜农产品质量安全管理水平。本书具有以下理论与实践意义：①提高生鲜农产品质量安全可追溯系统技术水平，促进可追溯系统产业化与规模化；②提高生鲜农产品供应链管理的信息化与智能化水平，保障生鲜农产品质量安全；③为建立生鲜农产品质量安全管理领域的物联网应用提供有益借鉴。

第二节　国内外在相关领域的研究现状

一、WSN 在农业领域的研究与应用

WSN 是在嵌入式系统、无线通信和微机电系统的基础上发展而来，由部署在监测区域内的大量廉价微型传感器节点自组织形成的无线通信网络，目前在有关农业生产领域已经具有相关研究与应用。Xiang 等（2010）研究了农业环境无线个域网的传感器节点部署程序、最大的网络容量、网络延迟等参数，提出了无线传感器网络在农业环境的部署策略；Liqiang 等（2011）验证了 TinyOS 系统内核、LEACH 协议用于农业环境监测的可行性；Lin（2012）设计了完整的农业监控系统的网络结构和系统结构；Balachander 等（2013）验证了无线传感网络设备在玉米、水稻、花生等农作物种植环境和椰子花园、干青草、湿青草等花园环境的路径损耗指数（PLE）、均方根误差（RMSE）和信号强度指标（RSSI）等指标。

在农业环境监测方面，滕红丽等（2013）、Lin（2011）、Wang 等（2012）、Xu 等（2013）、何成平等（2010）提出了基于 ZigBee 协议的作物生长环境温度、湿度、光照等指标监测的软硬件系统，为提高作物产量提供了保证；Mendez 等（2012）基于 Wi-Fi 技术和 WSN802G 模块设计了监测农业环境温度、湿度的无线传感网络，实现了数据存储与分析；Wang 等（2011）、盛平等（2012）基于 GPRS/3G 网络实现了农田数据的采集与远程传输，用于建立作物生长环境监控系统。余华和吕宁波（2011）在节点定位和路由研究的基础上，设计了基于 WSN 的农田信息采集系统，解决了农田种植区域广、数据采集量大和信息实时传输难的问题；Roccia 等（2012）针对玉米、桉树等农作物的现场监测需求，验证和优化了适宜的节点部署距离，结果表明，在最优的距离配置下每 2 秒发送一次数据包，系统寿命为 4 天；Ma 等（2012）针对农业生产环境监测需求，设计了基于 mμC/OS Ⅱ多任务系统的无线传感数据采集系统。

在温室监控方面，曹新等（2012）针对传统温室有线监控布线复杂、维护困难的问题，设计了基于 ZigBee 协议的智能温室监控系统，将采集数据

通过公共网关接口 CGI 发送至 Internet，实现了操作人员通过上位机的实时查看和远程监控；Shi 等（2013）基于 Wi-Fi 网络实现了温室内温度、湿度、光照和 CO_2 的自动采集。

在家畜养殖、水产养殖方面，史兵等（2011，2012）改进了 WSN 系统的 LEACH 通信协议，将每个养殖池作为一簇，根据固定路由节点设置降低能耗，实现了温度、溶解氧和 pH 值数据的通畅通信，满足了规模化水产养殖的需要；蒋建明等（2013）利用分层分群的 LEACH 协议降低系统通信能耗 33%，利用感知数据驱动 PLC 增氧系统，将水产养殖过程中的人力成本降低了 51%。Hwang 等（2010）设计了基于 WSN 的养猪场综合管理系统，实时收集养殖环境的亮度、温度、湿度等信息，为持续养殖创造最优生长环境。

在果园监测方面，张俊涛等（2014）研究了基于 CC2530 芯片的果树精确灌溉系统，通过将 ZigBee 与 GPRS 网络相结合，实现了对果园区域土壤湿度的实时控制；刘燕德等（2011）使用 MSP430 单片机和 CC2430 射频前端，通过 ZigBee 网络实现了果园中的温度、光照强度、土壤湿度与 CO_2 浓度的动态监测；杨爱洁等（2011）研发了果园数字信息采集管理系统，将 WSN 节点上传的果园微气象信息与专家系统相结合，由专家系统输出包括精确灌溉和环境控制的决策信息，实现了果园管理的可视化与智能化；何龙等（2010）以杭州美人紫葡萄栽培基地为试验区，设计了无线传感网络系统和智能化管理及控制系统，实现了对土壤水分、养分、温度、湿度和光照等细腻实时监测，并能根据葡萄优质高产生长的需要进行自动控制灌溉。

在冷链物流方面，王浩（2013）将 CC2530 芯片与温湿度传感器集成，设计了食品冷库环境监测报警系统，实现了实时监测冷库温湿度与动态报警，且与传统系统相比，具有易部署、易维护扩展的优势；Li 等（2012）基于 JENNIC5418 芯片设计了用于生鲜农产品冷链物流冷却箱的传感器节点，并验证了链路质量指标（LQI）在 $-95\sim2.5$ dBm、-40 ℃的性能，研究同时指出，系统在持续工作期间通过 GPRS 网络交换的数据量很大。

在农业生产设备智能控制方面，Costa 等（2012）将 WSN 网络部署在无人机农药喷洒的作业区，通过传感器数据反馈调整无人机的喷洒作业强度和路径，修正了传统无反馈作业中风和喷洒方向等变化因素对作物产量的不利影响；李盛辉等（2013）将精简的 ZigBee 协议用于 CCD 视觉传感农业智

能车，设计了农业智能车的故障主动诊断与报警系统；尹彦鑫等（2013）设
计了基于 ZigBee 网络的耕种机具空间受力监测系统，能够实现耕种机具受
力情况的实时检测，为耕种机具的研究设计提供支持。

二、WSN 中的传感器集成技术

我国从 20 世纪 60 年代开始传感器技术的研究与开发，在传感器研究开
发、设计、制造、可靠性改进等方面获得了长足的进步，初步形成了传感器
研究、开发、生产和应用的体系。目前，国内外传感器在类型和功能种类繁
多、传感器与多学科交叉融合，推动着无线传感网络的发展。

1. 温度感知

温度传感器的发展大致经历了以下 3 个阶段：①传统的分立式温度传感
器（含敏感元件）；②模拟集成温度传感器/控制器；③智能温度传感器。目
前，国际上新型温度传感器正从模拟式向数字式，由集成化向智能化、网络
化的方向发展，在测量范围、测量精度上都有了明显的进步。国外关于温度
传感器有着大量的相关研究，Shwarts 等（2000）对二极管型温度传感器的
局限性进行了综合分析；Seat 等（2002）研究开发了单晶体纤维温度传感
器；在国内，张洵等（2005）提出了一种采用标准 CMOS 工艺制造的全
CMOS 电路结构温度传感器的理论及电路设计；杨远洪等（2006）对光纤
Sagnac 温度传感器信号检测做了研究；张向东等（2003）采用湿敏线性度
好、化学性能稳定的 PI 改性湿敏薄膜，设计并实现了光纤光栅型温湿度传
感器。

2. 湿度感知

在常规的环境参数中，湿度是最难准确测量的一个参数，用干湿球湿度
计或毛发湿度计来测量湿度的方法，早已无法满足现代科技的需要。这是因
为测量湿度要比测量温度要复杂得多，温度是独立的被测量，而湿度却受其
他因素（如大气压强、温度）的影响。目前，国内外生产集成湿度传感器的
主要厂家及典型产品分别为 Honeywell 公司（HIH-3602、HIH-3605 等）、
Humirel 公司（HM1500、HM1520、HF3223、HTF3223）、Sensiron 公司

(SHT 系列)。这些产品大致分为线性电压输出式、线性频率输出式、频率/温度输出式集成湿度传感器。而 Sensiron 公司的 SHT11、SHT15 温湿度传感器则是智能化温湿度传感器，温湿度传感器产生的相对湿度、温度信号经过放大、模/数转换、校准、纠错和线性补偿最终由输出端输出。

3. 气体感知

气体传感器可分为半导体气体传感器、固体电解质气体传感器、接触燃烧式气体传感器、光学式气体传感器、石英谐振式气体传感器、表面声波(SAW) 气体传感器等类型。其中，光纤传感器是利用光纤元件的传感器。与传统传感器相比，光纤传感器具有敏感度高、抗电磁干扰、耐腐蚀、电绝缘性好，便于与计算机和被测实物连接，结构简单、体积小、重量轻、耗电少、适合于有毒有害、防火防爆环境及远程分布场合应用等优点。王书涛等(2004) 对基于光声光谱法的光纤气体传感器及光纤甲烷气体传感器进行了相应的研究。SAW 气体传感器以其体积小、重量轻、功耗低，以及灵敏度高、抗干扰强、精度高、重复性和一致性良好等特点，已经成了各种高性能传感器的首选。Lim 等 (2010) 在基于 SAW 的气体传感器集成方面做了重要工作；Bender 等 (2003) 研究开发了基于温度控制的单片集成表面声波(SAW) 气体传感器，通过分析温度变化对表面声波频率的影响，绘制温度 –声波频率变化曲线，设计出了温度控制型气体传感器。

近年来，国内外集成传感器发展也十分迅速，很多集成传感器已经投入使用，常见的集成传感器主要是将温度传感器与其他传感器集成。例如，温湿度集成传感器，就容易进行温度补偿。在国内传感器集成应用领域，张欣露等 (2009) 对基于 RFID 的集成传感器电子标签在农产品溯源体系中的应用做了相关研究；李劲等 (2007) 就基于 ZigBee 技术的无线数据采集网络做了大量研究工作；西安电子科技大学基于 FPGA 的传感器数据采集及传输系统做了相应的开发研究 (曹青，2009)。在多传感器数据融合方面，万树平 (2008) 研究的聚类融合算法，针对多个传感器、多个特性指标进行测量实验的数据融合问题，从多远统计理论角度提出了一种新的多传感器数据的融合算法，有效地避免了有效数据的损失，具有较高的精度。

国外在多传感器集成和数据融合方面的研究已经相当成熟，早在 1992 年就有多传感器集成的数据结构研究 (Ruiz et al. 1992)；Ismail 等 (2004)

则在多传感器网络的数据融合领域提出了一种新的语义解决；Corrales 等（2010）对运用传感器检测室内人像移动的数据融合方面做了相关研究；在集成传感器开放方面，Oprea 等（2009）开发了集成于塑料薄片上的集成有温湿度检测和气体检测的多功能传感器，并对其性能进行了测试和评价，通过替换原材料和改进工艺，来适应高性能、低功耗的要求。

三、基于 XML 的信息交换技术

为实现生鲜农产品供应链中的监测信息在各类不同数据库和应用平台的共享，信息交换技术是监测系统中必不可少的。XML 是实现信息交换的重要方式，只要制定一套符合规则的信息交换规范，就可以以 XML 作信息交换媒介，实现各种异构系统之间数据的交换、共享和信息集成。基于 XML 的信息交换是 IT 行业的一个热点，许多国内外知名的企业也都倾注了大量的人力和物力，开始对 XML 信息交换技术进行研究。

在国内基于 XML 的信息交换技术的研究取得了很多成果。XML 交换技术用于物流配送系统中，通过 JDOM 组件实现数据的交换（康萍，2010）。江苏省环境信息中心通过使用 XML 技术对异构的数据源进行数据集成，从而实现了污染源自动监控信息的交换（徐洁，2010）。朱丽雅（2010）将 XML 和简单对象访问协议（SOAP）结合，实现了电子商务发运跟踪中各运输中转站终端和中心服务器之间的信息交换和中心数据库的自动更新。台湾地区学者 Hung 等（2010）将 XML 技术应用于半导体工程链管理系统中，从而实现了工程数据的共享。

美国马里兰大学研究开发了基于 XML 代码自动部属和信息交换 MOCHA 中间件（Rodriguez-Martinez，2000）。美国威斯康星州大学和 IBM Almaden Research Center 共同开发了 XPeranto 中间件系统。该系统采用以 DTD 为模式文档和 FALT 模式转化算法来支持 XML 的发布（Carey M et al.，2000；Shanmugasundaram J et al.，2002）。瑞士的 Hueni 等（2011）使用 XML 作为分布式光谱数据库的信息交换技术，实现数据在不同数据库之间的导入、导出，并对数据处理速度进行了分析。XML 作为数据的存储和提取技术还被应用到了工程软件中，Williams（2005）在论文中使用 XML 定义了数据存储和检索步骤，并通过自动计算和 CAD 画图对系统进行了测试。

信息交换是实现信息共享的基础，XML 技术被越来越多的应用到信息集成、信息交换中。XML 技术为信息的共享和传输提供了方便快捷的解决途径。而 XML 技术和中间件的结合更为信息的处理和再次开发提供了快捷的途径。

四、WSN 感知数据压缩与融合

WSN 是能量受限的网络，对于感知数据进行压缩与融合，降低节点的数据传输能耗，对于延长监测系统的生命周期具有重要意义。由于传感器计算能力受限，在 WSN 感知数据压缩和融合算法中，绝大多数研究集中在以路由、拓扑结构优化为主的网内数据压缩方面，而实时节点数据压缩的研究报道较少。

1. 网内数据压缩与融合

低功耗自适应分簇路由（LEACH）算法是最常见的无线传感网络分簇路由协议，刘铁流等（2011）、屈正庚（2012）、Nadeem 等（2013）分析了现有 LEACH 算法的不足，分别采用新的簇头竞争策略、基于粗糙集的动态路由算法和基于逻辑区域划分的阈值算法，改进了现有的 LEACH 路由算法，改进了网络的能耗表现。

多输入多输出（Multiple-input multiple-output，MIMO）技术可以在不增加节点能耗的前提下提高节点的通信性能，Li 等（2013）设计了基于能量信息的动态合作虚拟 MIMO（DVCM）算法，仿真实验表明能够改善远程通信能耗；Camilo 等（2006）使用通信距离和相邻节点的剩余能量，基于启发式的蚁群算法搜索最优传输路径，平衡负载并延长网络周期。

图论中的拓扑结构常作为传感器网络性能改进的基础拓扑，邬学军等（2011）基于 Prim 算法贪心策略，寻找具有最大权值生成树，构造最小接通子集，用于控制网络上节点的休眠状态；Ye 等（2013）综合考虑负载均衡和能耗效率，设计了基于负载均衡树状结构的路由，使网络周期达到上限；周琴等（2010）在基于决策的数据融合技术 AFST 中加入动态最短路径算法（DSPT），动态的调整路由代价，与静态算法相比效率更高。

对广泛分布的 WSN 节点进行基于地理位置的簇划分（GAF），是减少网内数据通信的一种策略，徐萍等（2013）通过定期转换虚拟单元格，动态改变节点与簇头的距离，设计了改进的 L-GAF 算法，较 GAF 算法网络生存周期更长；李彬等（2012）在网络层设计了节能路由传输（ECGR）算法，仿真实验表明算法避免了数据包的无方向性扩散，节点存活率较传统算法提高 70%。

有一部分网内数据压缩算法面向节点分层、分级的思想，取得了较好的效果。Abhijith 等（2013）提出了多级分层数据聚合技术，在两级或多级层次中，可以有效处理传感器的冗余数据；Kamarei 等（2013）提出基于任务优先级的在线数据聚合方法——实时网络 OLDA，辅助簇头做出数据转发和聚合决策；Huynh 等（2013）设计了一个名为 Bruijn 层次聚类（BHC）的网络，通过 ns-2 网络模拟器分析了算法的能耗效率和延迟情况。

由于能耗是直接被关心的指标，因此有一类算法直接面向能耗进行封包与路由选择。Ibrahim 等（2013）设计了用于 CSMA 网络的能耗-负载均衡聚类路由算法（ELC），算法基于负载与能耗制定成本函数，基于成本最低路径方法选择路由，比 LEACH 算法提供更长的网络寿命；Spachos 等（2013）考虑能耗与封包延迟的均衡状态，设计了能耗认知单播路由（EC-UR）协议，仿真实验表明该协议比基于地理位置划分的簇聚类延长网络生命周期 30%。

2. 节点数据压缩与融合

蒋卫寅等（2011）采用 LWO 算法压缩载荷、采用报文压缩算法压缩协议包头，在压缩率和 CPU 开销间达到了较好的平衡。肖新清等（2013）基于压缩感知理论，实现了对传感数据的稀疏表示和高概率恢复。许磊等（2013）提出了一种基于改进的自适应 Huffman 编码的压缩算法，与修剪树自适应 Huffman 编码算法相比，能够更有效地利用有限的内存空间，并提供更好的压缩比。朱永立等（2013）设计了基于模糊冗余度混合通信的数据融合算法，通过节点与簇头之间信息交换，避免重复数据的发送。潘良勇（2012）分析了递推估计、自适应加权、算术平均及分簇数据融合算法在精度上的不足，提出一种改进的分簇算法，提高了数据融合精度，同时也能够降低冗余数据传输。汪益民（2010）、底欣等（2011）面向节点的能量均衡，改进了现有的 WSN 路由算法，取得了良好的效果。

基于稀疏矩阵的压缩感知技术目前逐步在 WSN 监测领域得到发展与应用（Haupt et al.，2008；Quer et al.，2010；张明 等，2012；Quer et al.，2012），因此，基于 WSN 监测信号稀疏表示方法的节点数据压缩日益成为研究的热点。Berger 等（2010）通过选取离散傅里叶变换（DFT）构造稀疏基实现对无线通信信号信道进行了压缩估计；Mamaghanian 等（2011）通过采用离散小波变换（DWT）对无线人体心电图波形监测信号的压缩与重构；Chen 等（2012）研究了基于 CS 框架的 1-D 环境信息的无线传感监测，采用离散余弦变换（DCT）完成环境监测信号的压缩观测。Quer 等（2010）根据 WSN 监测信号的未知统计特性，通过采用主成分分析法（PCA）对 WSN 传感信号进行学习训练，结合压缩感知算法实现了无线传感器网络非平稳信号的采集、稀疏化与重构；Sadeghi 等（2013）在 K-类奇异值分解（K-SVD）、最优方向（MOD）等算法的基础上提出了一种新的字典学习方法，该方法能很好地实现信号的压缩表示；罗武骏等（2013）从信号特征入手，提出了一种自适应的语音稀疏化方法，该方法能较好地实现语音信号的压缩。

五、可追溯系统的建模方法

由于可追溯性面向供应链上的信息，因此可追溯系统建立在一定的供应链流程上，对供应链流程进行建模与优化，能够提高可追溯系统的精度、效率，降低风险扩散和召回成本。由于不同的生鲜农产品供应链差异巨大，因此，要识别供应链上的关键追溯信息、优化可追溯单元的划分，前提是进行合理的可追溯系统的流程建模和优化。

Kim 等（1995）率先建立了基于本体的可追溯系统概念模型，这一模型定义了可追溯单元，并对标识信息随可追溯单元的转化规则进行了描述，最基本的 2 条规则是追溯标识在可追溯单元合并时发生改变、在可追溯单元分解时保持。卢功明（2009）对这一规则进行了优化，设计了牛肉加工环节中分割操作时，子追溯单元保持父追溯单元追溯信息，但不保持追溯标识的规则。针对肉羊加工过程的研究发现加工过程中 60％ 的操作是添加、混合和分解，对这些关键控制点操作信息进行追溯，对系统的实现追溯信息链完整性至关重要（Donnelly et al.，2009）。Bevilacqua 等（2009）则使用事件驱动的流程链，以结构化的方式设计了种子生产销售的全程追溯系统，还将系统用于成本分析。

对于存在批次混合和顺序化对象的加工过程，流程建模相对复杂。例如，谷物升降机中由于存在批次混合，需要通过建立记录谷物移动、聚合、隔离、分解和供应商及客户信息的实体关系模型，才能够实现追踪、溯源、质量流优化和资源优化（Thakur et al.，2011a）。EPCIS 和 UML 框架也被用于顺序化对象事件的追溯，并被集成在冷冻鲭鱼和湿玉米粉的生产中，这一模型可被视为追溯信息集成的食品生产过程映射方法（Thakur et al.，2011b）。

可追溯系统是建立在各国食品质量安全法规和可追溯性的需求上的信息系统，因此，保持可追溯系统的流程建模与其上位法规的兼容性至关重要。Regattieri 等（2007）的研究分析了意大利追溯实施的法规，在其需求上提供了追溯系统框架，并在意大利 Parmigiano Reggiano 奶酪供应链上进行了测试，结果表明系统在生产者和消费者方面适应性均良好。

六、云计算技术在农业领域的应用

随着互联网应用的快速发展，云计算作为新的商用计算模式被提出，并成为继"网格计算"之后又一热点。云计算以其弹性、按需的资源分配模式，为用户提供了高存储、高负载计算、高响应速度和可负担的成本。目前，随着云计算的日益成熟与技术渗透，其在农业领域的研究与应用也逐渐出现。

在理论研究层面，Tan 等（2014）设计了用于农业云信息系统的数据加密算法——OCEVMO，该算法能够以中等速度进行加解密操作，并实现了IDNCCA 级安全，可用在农业云信息系统中，保护企业与个人的信息隐私。Fan（2013）论述了云计算、物联网等技术的结合对提升中国农业的智能化、现代化程度，以及解决中国的三农问题的重要作用。Bo 等（2011）针对当前云计算、物联网技术在商用领域的广泛普及和在农林领域应用较少的现状，分析了云计算、物联网技术在农林领域的集成应用可行性与前景。樊雪梅等（2012）论述了农产品交易平台中利用云计算的"基础设施即服务、平台即服务、软件运营即服务"3 种模式提供信息服务、扩大市场交易、降低交易成本、保障食品安全的重要作用。魏清凤等（2013）分析了云计算在农业为科技创新、农用户使用基层农技推广服务过程中的优势，为利用云计算技术创新农业信息服务提供了参考和借鉴。

在平台构建层面，Duan（2012）指出随着技术的发展，农业数据正以惊人的速度增长，对数据的有效处理在农业生产中具有关键作用，在这一理念下设计了基于云计算的农业数据集成与共享平台，并详细分析了平台的需求，对平台进行了概念设计、模型设计，讨论了平台的实现细节。Hori 等（2010）建立了将云计算技术用于日本两家农业企业的假说模型，系统的设计表明该模型的框架与医疗、护理等其他领域的云计算模型差异较小，通过与农业领域的领域知识结合，作者希望将该模型进一步应用于更多的农业生产领域。刘春英（2013）设计了基于云计算的农产品产销信息服务平台设计的基本架构、关键技术及主要功能模块，并对平台的运行服务模式进行了探讨。王晓思等（2013）面向安徽省舒城农产品物流市场，利用云计算平台和 RFID 技术，构建了农产品物流信息管理系统，从而完善了农产品质量安全溯源体系，降低了物流成本，提升了农产品的质量安全管理水平。郑会龙等（2012）以广东省清远市为例，集成云计算、RFID、XML 等技术，设计了高端农产品物流管理系统，提高了高端农产品的质量安全管理水平，发挥了区域农产品的品牌优势和生态优势。邓小云等（2012）从食品质量安全监管体系的角度出发，设计了基于云计算的食品安全风险监理框架，通过分析引起食品安全风险因素及个因素的可能性，建立了食品安全风险评估模型，从而形成有效的食品安全监理机制，降低食品安全事件发生概率。

在农产品质量安全可追溯领域，刘红霞（2013）基于云计算和 RFID 技术，构建了农产品质量安全追溯系统，提高了农产品质量安全管理水平。陈联诚等（2013）研究了基于私有云计算的农产品质量安全追溯系统中利用 Hill-Climbing 搜索算法、MapReduce 并行计算框架提高平台搜索性能的方法，提高了平台响应速度 33%。

七、对国内外研究现状的评述

与 WSN 技术发展初期相比，随着技术渗透，已经有较多的 WSN 在农业领域应用的文献报道，但这些报道呈现出显著的特点：一是精细农业固定环境监测的应用较多，生鲜农产品供应链流动环境的应用很少；二是覆盖生鲜农产品生产某阶段的应用较多，覆盖农产品供应链全程的应用很少；三是技术实现上 ZigBee 网络现场监测的应用较多，利用其他协议（如 Wi-Fi 等）实现的应用较少；四是功能上将 WSN 数据采集与专家系统、决策支持集成的应用已经出现，但仍然很少。

无线传感网络技术作为实现生鲜农产品供应链动态监测的关键技术已经受到了重大关注，越来越多的研究人员将研究重点转移到对生鲜农产品供应链系统过程进行实时监测上来，通过系统分析监测对象物流过程变化机制，运用多传感器集成技术和无线传感网络的结合使用，实时监测生鲜农产品供应链系统的环境条件，能够及时有效地应对环境突变，进而对生鲜农产品供应链过程进行调整和优化，使生鲜农产品供应链系统向着低能耗、高品质的方向发展，但尚缺乏针对生鲜农产品供应链的多传感器集成监测研究。

受限与技术条件与应用特征，WSN 的数据压缩和网络寿命延长将是个长期的研究课题，目前的数据压缩、数据融合均在节点内和网内两个层面实现：节点层面的数据压缩和融合算法多是现有计算数学领域数据压缩算法面向数据处理、存储能力受限的改进，在压缩效能上，基于稀疏矩阵算法具有显著优势，但计算复杂，廉价芯片难以实现；网内数据融合则通过建立各类指标函数并优化路由来实现。面向应用领域特征和知识的感知数据压缩算法则未见报道。

云计算技术至今仍然是新兴技术，处于技术成熟生命周期的上升阶段，而农业领域是利润率低的生产领域，技术渗透最慢，这就决定了当前的云计算技术在农业领域的研究仍然是理论研究多、实践应用少，框架设计多、平台实施少的现状。无论如何，农业生产领域已经制造出了海量数据，并且这些数据应该通过云计算技术予以存储和加工，生产出改善生鲜农产品质量安全生产关键信息的知识已是共识，这将指导未来的生鲜农产品质量安全管理实践。

第三节 研究目标、研究内容与技术路线

一、研究目标

本书以鲜食葡萄、水产品、牛肉等典型生鲜农产品的供应链过程为例，分析生鲜农产品质量衰败的机制与质量安全感知的信息需求；在需求基础上，基于 CC2530 无线传感片上系统（System on Chip，SoC）解决方案，设计和实现生鲜农产品供应链质量感知数据采集的硬件平台和嵌入式软件系统；应用统计过程控制（Statistical Process Control，SPC）原理设计和验证基于规则的感知数据时域压缩算法，实现感知数据实时远程采集和传输；应用 XML 中间件技术，实现感知数据在前端与数据库及数据库间的交换；在 GS1 可追溯系统建模标准（GS1 traceability standard）框架的基础上基于结构模式识别理论，设计云计算平台上面向粒度分级的可追溯系统兼容建模方法；基于 Hadoop 技术设计生鲜农产品质量安全可追溯综合服务平台，构建面向可追溯的数据分析与数据挖掘服务，最终实现生鲜农产品可追溯系统的功能从"成本制造"到"价值创造"、从"事后追溯"到"事先预警"的关键转变。

二、研究内容

1.面向生鲜农产品质量安全可追溯的 WSN 感知数据采集方法

针对现有可追溯系统手工数据录入效率低、劳动力成本高、错误率高和难以实现供应链全程数据感知的问题，综合考虑成本、体积、计算能力和可靠性等多种因素，对应用于 WSN 领域的微处理器、射频芯片、传感器和人机交互界面等模块进行优选，采用系统工程思想，进行集成电路布局与优化，设计和实现用于生鲜农产品供应链质量安全可追溯感知数据 WSN 监测模块的硬件原型。从系统稳定性、低功耗和扩展性出发，在硬件原型的基础上，从片上系统（System on Chip，SoC）的 WSN 通信协议栈出发，进行

生鲜农产品供应链质量安全可追溯感知数据 WSN 监测模块嵌入式软件系统设计，实现监测指标的实时采集、传输，为农产品供应链质量安全监测和云平台上的监测信息发布提供数据源基础。

2. 面向生鲜农产品质量安全可追溯的 WSN 多传感器集成方法

由生鲜农产品质量安全可追溯的环境参数需求分析结果，以鲜食葡萄为例，选用温度、相对湿度、SO_2 传感器进行多传感器集成。针对三项不同的参数，以低功耗、占用空间小、装卸方便为原则，对传感器的适用性和功能进行综合分析。针对存储环境参数需求，对所需传感器进行筛选。选取出量程范围、精度范围和功耗等均适应需求的温湿度传感器和 SO_2 传感器。对温湿度传感器模块、SO_2 传感器模块进行集成设计，实现传感器与 WSN 感知数据处理单元数据互通。

3. 基于 SPC 的生鲜农产品质量安全可追溯感知数据时域压缩方法

针对基于 WSN 的生鲜农产品质量安全可追溯数据采集方法存在的海量数据采集与传输过程中的节点能量受限、计算能力受限、监测寿命短的问题，应用信息熵理论，进行农产品供应链实时感知数据序列的平稳性和微分熵分析，基于 SPC 方法，从监测数据的特征出发，以低计算复杂度和低功耗为目标，选取控制图和判异准则，建立基于规则的单值-滑动极差算法，实现感知数据时域压缩，降低数据传输频率，节点降低能耗，延长监测系统寿命。

4. 基于 XML 中间件的感知信息交换方法

无线传感网络采集的数据量大、频率高，因此，为了能准确地获取信息，避免数据出现偏差，首先选择使用状态机的方式对数据帧接收过程进行形式化描述，从而保证中间件能在接收数据的过程中实现对数据帧的完整解析，为提供准确的感知信息提供保证。使用 XML 语言对处理后的信息进行格式定义，并使用 XML Schema 对信息进行格式统一。设计感知信息从关系数据库到 XML 文档的映射算法，并将数据库中处理的数据按照设计的算法映射到 XML 文档中，为实现数据交换和共享提供基础。

5.面向粒度分级的生鲜农产品质量安全可追溯建模方法

针对现有生鲜农产品质量安全可追溯系统的生产者与监管者用户的追溯数据粒度需求难以对接，系统不能发挥质量安全管理轴枢作用造成的系统规模不经济、监管交易成本高的问题，分析现有生鲜农产品质量安全可追溯系统的建模方法和生鲜农产品供应链上可追溯单元变化的关键共性特征，在GS1可追溯系统建模标准框架上，设计面向模式基元的生鲜农产品供应链兼容建模方法，针对不同类型用户的数据粒度需求差异，在文法理论基础上设计面向数据粒度分级的可追溯系统建模方法，实现生鲜农产品质量安全可追溯系统面向生产者和监管者不同群体的兼容数据建模和追溯算法。

6.基于云计算的生鲜农产品质量安全可追溯综合服务平台

针对物联网环境下的生鲜农产品质量安全可追溯系统运行必然发生的海量数据存储、海量服务并发和海量用户访问的问题，应用云计算技术构建海量可追溯数据挖掘与分析系统。基于 Hadoop 技术构建平台级云计算服务（Platform as a Service，PaaS），以 HDFS 与 Hive 技术实现海量可追溯数据存储，利用 Map/Reduce 模型实现海量数据分析过程计算的并行化，提高生鲜农产品质量安全可追溯综合服务平台的数据存储与数据分析效率。

三、技术路线

本书涉及食品科学、管理科学、信息系统分析与设计、嵌入式系统工程等多个学科领域。因此，本书拟采用多种方法与手段综合集成和相互验证，确保研究工作的科学性及研究结论的可靠性。研究面向生鲜农产品质量安全可追溯的信息需求，基于物联网"无处不在的数据采集、可靠的数据传输与信息处理、智能化的信息应用"3 个关键内涵，从数据工程、信息工程和知识工程 3 个层面展开：①数据工程层面涵盖生鲜农产品质量安全可追溯数据的采集过程中所需的硬件设计、嵌入式系统软件设计、多传感器集成设计；②信息工程层面对生鲜农产品质量安全可追溯感知数据进行筛选、清洗与结构化组织，涵盖基于 SPC 的生鲜农产品质量安全可追溯数据时域压缩方法、基于 XML 中间件的生鲜农产品质量安全可追溯数据交换方法；③知识工程层面进行面向模式基元的生鲜农产品供应链兼容建模和数据粒度可分级的可追溯系统建模,同时进行海量生鲜农产品质量安全可追溯数据的潜在价值识别,并在流程建模、系统建模、价值识别的基础上构建基于云计算的生鲜农产品质量安全可追溯综合服务平台。本书最终在海量生鲜农产品质量安全可追溯感知数据基础上,实现可追溯系统从"成本制造"到"价值创造"、从"事后追溯"到"事先预警"的关键转变,提高生鲜农产品供应链全程管理水平。研究整体的技术路线如图 1-1 所示。

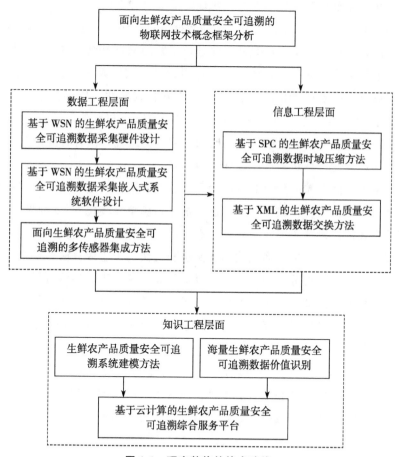

图 1-1 研究整体的技术路线

第四节　研究的主要创新

　　针对现阶段的生鲜农产品质量安全可追溯系统存在的感知数据采集能力欠缺、追溯数据粒度输出单一、追溯平台体系结构弱的问题，应用 WSN、SPC、结构模式识别和云计算等技术，研究了面向生鲜农产品质量安全可追溯的物联网数据采集和建模方法，实现以下 3 个方面的创新。

　　①提出了基于 WSN 的可追溯感知数据采集方法和基于 SPC 的时域压缩方法，提高了感知数据采集效率，并延长了监测网络寿命。基于 WSN 所研发的可追溯感知数据采集方法软、硬件原型，测试结果表明通信链路可靠，感知节点对生鲜农产品供应链保鲜工艺环境的兼容性、传感器硬件兼容性好；基于 SPC 所设计的改进感知数据时域压缩算法与阈值、K-滑动均值算法对比，能耗在同一数量级，平稳时间序列的为最优，两种时间序列平稳性上值均接近最优，算法的平衡性和适应性好。

　　②提出了面向粒度分级的可追溯系统建模方法，满足了不同用户的数据粒度需求。基于结构模式识别，构造了描述追溯单元转化的 12 种模式基元；基于关系代数，设计了模式基元的数据存储结构与数据采集算法；构建了基于 2 型文法的可追溯数据形式化描述文法和文法句子生成算法；基于改进下推自动机建立了粒度分级规约方法；以冻罗非鱼片加工、半滑舌鳎养殖、肉牛养殖与屠宰加工业务流程为实例进行了方法验证，结果表明数据分级规约强度为 44.8%～99.4%，在供应链结构信息少的初级农产品生产流程中，规约强度最高。

　　③设计了基于云计算的可追溯综合服务平台，实现了平台级可追溯服务。识别了可追溯数据在生鲜农产品供应链上各阶段的潜在价值，包括文档标准化、危害溯源、精确召回、物流监控、关键点预警、质量预测、货架期管理和库存优化；基于 Hadoop 设计了平台的技术架构、服务引擎、体系结构，基于 Map/Reduce 实现了决策模型并行化；在 Ubuntu 10.0.4 操作系统和 Hadoop 0.20.0 并行计算环境上进行了平台实现；以工厂化水产养殖、水产品冷链物流为例的系统评价表明平台在数据采集、信息追溯和智能决策等方面改善了生鲜农产品供应链管理水平。

第二章　面向可追溯的物联网数据采集与建模概念模型

可追溯系统是用户需求复杂的信息系统，生鲜农产品质量安全是范畴广泛的概念，因此，开展面向生鲜农产品质量安全可追溯的物联网数据采集和建模方法研究之初，应当就研究范畴的边界进行界定，对研究过程中涉及的关键需求、关键技术、关键方法进行分析，构建研究的概念模型，为全文梳理清晰的研究框架与路线，为后续章节开展详细研究构建脉络。

第一节　研究范畴界定

一、生鲜农产品的概念

《中华人民共和国农产品质量安全法》界定的农产品为通过农业生产获得的初级产品，一般包括植物源性农产品、动物源性农产品、微生物及其产品等。生鲜农产品通常是指由农户生产、养殖的不经过加工或经过少量加工、在常温下不能长期保存的初级农畜产品，一般包括蔬菜、水果、肉类和水产品等（陈军 等，2008）。本书的研究范畴沿用以上对农产品与生鲜农产品的概念界定。

二、生鲜农产品质量安全的概念界定

本书参考王锋（2009）对农产品质量安全的范畴界定，将生鲜农产品质量安全定义为：生鲜农产品的生产、包装、贮藏、运输与销售的各环节对人、产品与环境无危害，最终产品满足的营养成分符合人类身体健康需要，且对人体和环境无危害。

三、可追溯与可追溯系统

1.可追溯性

在经典的 ISO 8402 标准中，可追溯性被定义为"通过记录标识的手段溯源一个实体的历史、应用或位置的能力"（ISO，1994）。此后，ISO 9000：2005 标准将可追溯描述为"溯源被考虑者的历史、应用或位置的能力"（ISO，2005）。定义的改变意味着，ISO 将通过无损检测、气液相色谱、DNA 探针等手段获得产品原产地信息的手段接纳进可追溯的范畴。

与 ISO 标准不同，欧洲《一般食品法》给出的可追溯定义更加侧重于食品和饲料的领域安全，认定的可追溯性是"在生产、加工和销售的各阶段，跟踪和溯源食品、饲料和用于生产食品生产的动物，或用于食品和饲料中的各种可能的物质的能力"（Law，2002）。

在文献定义中，Moe（1998）的定义被广泛接纳，其将可追溯性定义为"在从收获到运输、贮藏、加工、分销的整条或部分产品供应链上（称为链上追溯），或其中的某一步骤内部（称为内部追溯）追踪产品批次和历史的能力"。本书在生鲜农产品供应链管理的领域，沿用 Moe 的可追溯性定义。

2.追踪、溯源与可追溯单元

追踪和溯源是可追溯概念的内涵之意。追踪是基于一个或多个给定标准，在供应链上的每一点上确定产品位置的能力，一般用于产品召回。与追踪相关的概念是原材料的向下分散度，指包含某一批次原材料的终产品批次数量。溯源是基于一个或多个给定标准，在供应链上的每一点上确定产品来源和特征的能力。与溯源相关的概念是产品的向上分散度，指终产品批次所包含的不同原材料批次的数量。所有原材料向下分散度和产品向上分散度的和称为批次分散度（Dupuy et al.，2005）。追踪和溯源的对象是可追溯单元，即需要重新获得其历史、应用或位置信息的物理实体，可追溯单元可以被跟踪、溯源、召回与撤回（GS，2010）。

3.可追溯系统

针对可追溯系统，Golan 给出的定义是"被设计用于在生产加工或供应链上跟踪产品或产品属性的记录系统"（Golan et al.，2004）。因此，这类体系可以是纸质的、电子的或其他任何形式的，但从建立与运行的成本和效率角度考虑，现有的生鲜农产品质量安全可追溯系统多为基于信息与计算机技术（I&CT）的信息系统。本书所涉及的可追溯系统，如无特殊说明，均是计算机信息系统。

四、可追溯系统的数据分类

本书将生鲜农产品质量安全可追溯系统的数据分为 3 类，即作为静态数据的基础数据、作为动态数据的结构数据与感知数据。

1. 基础数据

基础数据是生鲜农产品供应链上各参与主体的静态属性数据，这部分数据在各追溯系统的运行期间基本保持不变，数据域的设计来源于特定的元数据标准。

2. 结构数据

结构数据是记录生鲜农产品在供应链上以可追溯单元为单位的转化关系的数据，一般由可追溯单元的标识数据与输入、输出转化关系共同构成，通过一致的结构数据能够还原生鲜农产品供应链的原始结构，获得完整的追踪和溯源信息。

3. 感知数据

感知数据针对生鲜农产品质量安全可追溯系统所设计的特有数据，是连续采集的、能够表征或预测生鲜农产品在贮藏、运输与加工等阶段品质的直接与间接数据，包括生鲜农产品自身的质量特征数据、环境数据等。

第二节　可追溯系统的感知数据监测需求

一、生鲜农产品质量损失机制

引起生鲜农产品质量损失的原因主要在微生物和酶的作用下，负载的高分子有机物分解为简单的低分子物质，而适宜的温度、湿度等环境条件会加速生鲜农产品的腐败（程艳军，1999）。由于不同生鲜农产品自身结构及含酶的种类和活性不同，其自身携带的致腐性微生物繁殖速度也有差异，因此不同农产品质量损失机制也不尽相同（惠国华 等，2012）。

1. 生鲜果蔬质量损失机制

生鲜果蔬在采后加工、流通过程中的质量损失主要原因可以归纳为生理因素、病理因素、物理因素和三因素共同作用（王雷，2009）。生理因素是指果蔬自身的生理衰败，病理因素是指病原微生物导致的腐败，物理因素是指机械损伤和不适宜的贮存环境条件。

这些因素的共同作用体现为生鲜果蔬的耐贮性。耐贮性是指果蔬在一定贮藏期内保持其原有品质而不发生明显不良变化的贮藏特性（陈永春，2011）。耐贮性取决于果蔬的种类、品种、自然条件和农业技术条件等（陈永春，2011）。耐贮性差的果蔬采摘后质量损失过程中，多因素的共同作用是广泛存在的，从引发果蔬腐败变质和质量损失的机制角度分析，这些过程可以被划分为呼吸作用、乙烯代谢、酶促褐变、膜脂过氧化作用和微生物污染等。

(1) 呼吸作用

生鲜果蔬在采摘收获后依靠呼吸作用，通过消耗贮存在体内的有机物维持生命，从而保持耐贮性、不发生死亡和腐烂。生鲜果蔬采摘后生理中的呼吸代谢作用包括有氧呼吸和无氧呼吸，二者同时发生，其地位的主次划分由环境气体成分决定。在氧气供给充分的环境中，生鲜果蔬的呼吸代谢以有氧呼吸为主（邹波，2005）；在缺氧条件下，生鲜果蔬进行无氧呼吸。由于没有氧分子的参与，产物是不完全氧化的酒精等，由于氧化反应不彻底，释放的能量较少。因此，在获取维持果蔬生命必需的能量过程中，无氧呼吸消耗了更多的有机物，加快了果蔬的衰老和质量损失。

（2）乙烯代谢

乙烯的功能在于催熟和衰老。其催熟的作用机制在于加速跃变型植物果实呼吸速率，促进果实内的蛋白酶、淀粉酶、ATP 酶、磷酸化酶合成，增加生物膜的透性，破坏细胞结构，使果实软化，降低贮藏期（赵君，2013）。对于不同的呼吸跃变型果实，乙烯释放高峰和呼吸速率高峰出现时间顺序有所不同，而对于相同的果实，其乙烯释放高峰则与呼吸速率高峰几乎同时出现（董建华，1991）。除了加速果实成熟，乙烯还能够促使植物的叶绿素分解、促使植物器官脱落、引起果蔬质地的变化等（陆胜民 等，2004）。机械损伤、冻害、高温、淹涝、干旱和化学伤寒等逆境会促使乙烯的生成，促使果实老化。

（3）酶促褐变

果蔬在采后由于组织衰老、失水、低温冷害、高 CO_2 伤害、机械损伤、病原微生物浸染或其他逆境胁迫，会引起褐变，从而影响果蔬的营养价值、外观和风味（Zhang et al.，1997），这类褐变是酶促褐变。酶促褐变是指果蔬在受到机械损伤或处于逆境胁迫（受冻、受热）下，在氧化酶作用下将酚类物质氧化形成醌，醌发生多聚化或与其他物质结合产生黑、褐色的色素沉淀，并导致果蔬的营养品质损失的现象（孙芝杨 等，2007）。

酶促褐变的发生需要有 3 个条件，即在果蔬生长过程中、逆境环境生成的酚类物质作为底物、酶类物质作为催化剂及氧的作用。酚类物质的酶促氧化是造成酶促褐变的主要原因（Zhang et al.，1997）。与酶促褐变有关的酶包括多酚氧化酶（PPO）、过氧化物酶（POD）、苯丙氨酸解氨酶（PAL）和脂肪氧合酶（LOX）等（程双 等，2009）。例如，PPO 是造成莴苣、苹果等生鲜蔬果快速褐变的酶（Rocha et al.，2002）；POD 在强氧化环境中可以催化酚类、类黄酮的氧化和聚合反应，促使酚类代谢，导致褐变，造成西瓜等的褐变（Lamikanra et al.，2000）。

由于酚类物质、酶类物质和氧分子是酶促褐变发生的 3 个必要条件，因此，通过限制这三类物质的活性，可以抑制酶促褐变的发生，达到减少生鲜果蔬质量损失的目的。

（4）膜脂过氧化作用

细胞膜降解是果蔬组织衰老的重要特征，由于细胞膜的系统性破坏，导致细胞结构和细胞内的区域化丧失，最终导致细胞的内部平衡失调和功能丧失（Paliyath 等，1984）。而细胞膜损伤的重要原因是磷脂降解，LOX 则是导致磷脂降解的最主要的酶（张海英 等，2005）。LOX 能够启动膜脂过氧化作用，破坏细胞膜的结构（高敏 等，2001）。果蔬在逆境胁迫和衰老状况下，发生的活性氧代谢失调、机械损伤等会导致活性氧自由基积累，进而加剧膜脂过氧化（关军锋，2001）。

膜脂过氧化作用与丙二醛（Malondialdehyde，MDA）的生成会形成恶性循环，对生鲜果蔬的贮藏品质具有显著影响（曹丽军 等，2013）。钙处理、水杨酸处理、低压处理和适宜的光照度能够抑制膜脂过氧化作用，使新鲜果蔬在贮藏过程中保持营养成分和感官风味（张海英 等，2005；芦婕 等，2013；郝晓玲 等，2013）。

（5）微生物污染

能够污染生鲜果蔬的微生物种类很多。以造成危害的形式划分，大致可分为两类：第一类是直接造成生鲜果蔬的腐败变质和质量损失的，如乳酸菌、霉菌、酵母菌和少量的细菌等（田密霞 等，2009）；第二类是以生鲜果蔬为载体，对人类造成食源性疾病的，如大肠杆菌 O157：H7、单增李斯特菌、沙门氏菌、志贺氏杆菌和假单胞菌等（刘程惠 等，2012）。

微生物污染果蔬的本质是病原菌和寄主在一定条件下斗争，导致病害，并最终使病害扩大和蔓延的过程。这个过程是病原微生物、寄主和环境 3 个因素共同作用的结果。当病原微生物的致病能力强、寄主受到侵害时的抵抗能力弱、客观环境适宜病原微生物生长和繁殖时，微生物污染情况就严重；反之，微生物污染就会受到抑制。影响果蔬病害发生的各微生物因素如图 2-1 所示（王雷，2009）。

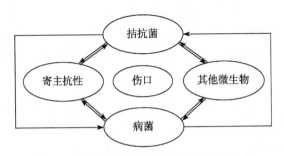

图 2-1　影响果蔬病害发生的各微生物因素

一般控制生鲜果蔬采摘后微生物污染的方法包括低温贮藏、气调贮藏、化学药剂处理、热处理、辐照处理等（王雷，2009）。但对于鲜切果蔬，热处理和化学药剂处理等方法进行微生物抑制并不适用，而病原微生物的生物防治则成为重要方法。目前，应用生物防治的手段主要包括应用拮抗微生物控制病原微生物和腐败菌的生长、应用天然抗菌化合物控制病原微生物和腐败菌的生长、利用天然植物诱导抗性防御减少病原微生物的一次侵袭等（刘程惠 等，2012）。

2. 生鲜肉类质量损失机制

经济的发展和生产力水平的提高使居民饮食结构从传统主粮向加大肉类食品的比例转变。由于肉类食品中蛋白质含量在18％～20％，80％左右是利用率较高的优质蛋白质，且维生素含量丰富、口感优势较大，受居民青睐。目前，我国居民消费中，生鲜猪肉、鸡肉、牛肉、羊肉等畜禽肉类占比较高，这些生鲜肉类的质量安全问题也日益受到关注（郑海鹏，2008）。

生鲜肉类的腐败变质是指生鲜肉类受外界因素作用，特别是在微生物污染的作用下，肉的营养成分和感官特性改变，产生对人体有害成分的过程（李晓波，2008）。这些感官特征，如肉类的表面发黏、肉类发生变色、肉类出现异味和脂肪出现酸败等（许益民，2001）。引发生鲜肉类腐败变质的因素包括生物因素、化学因素和物理因素三类，从特征上划分，可以归纳为脂肪氧化酸败、肌红蛋白变色和微生物的生长繁殖（李湘利 等，2005）。

（1）脂肪氧化酸败

生鲜肉类所含的脂类化合物、微量元素和维生素等物质在贮藏过程中，会受到环境因素影响，发生氧化反应，导致脂肪酸败，降低生鲜肉类营养价值、缩短贮藏期、影响口感和风味。脂肪氧化的过程常导致氧化应激。氧化应激是指由机体产生的活性氧（Reactive oxygen species，ROS）介导，氧化物质和抗氧化物质失衡引起的、以多种酶的表达和活性发生改变、ROS聚集为表现的组织细胞氧化损伤（杨哲 等，2013）。

影响脂肪氧化的外界因素包括温度、光照和金属离子的作用等。这类外界因素首先引起脂类分子形成自由基，自由基在氧化作用下形成过氧自由基，过氧自由基再与脂类分子反应，形成氢过氧化物和新的自由基，最终形成脂类氧化的链式反应（杨哲 等，2013）。通常，使用酸价（AV）、过氧化值（POV）和硫化巴比妥酸含量（TBARS）评价脂肪的氧化程度。

使用抗氧化剂、真空包装和气调包装等手段是延缓肉类脂肪氧化酸败的主要手段（李湘利 等，2005）。以猪肉为试材的研究表明，茶多酚和维生素C等抗氧化剂均能够降低 TBARS，但维生素 C 的效果不及茶多酚（张健凯等，2013）。

（2）肌红蛋白变色

生鲜肉类的色泽是消费者最为关心的外在质量特征之一，肌红蛋白（Myoglobin，Mb）是决定生鲜肉类颜色的最主要因素。肌红蛋白是存在于肌肉组织肌浆中的复合性色素蛋白，其含量为 0.2%～2.0%。肌红蛋白的化学状态能够影响肉类颜色，其处于还原态时，呈现为紫红色的脱氧肌红蛋白；处于充氧态时，呈现为鲜红色的氧合肌红蛋白；处于氧化态时，呈现褐色的高铁肌红蛋白（王海燕 等，2001）。

温度、湿度、氧分压、pH 值、压力等因素能够影响肌红蛋白中铁离子与氧的结合（王海燕 等，2001）。例如，绞碎牛肉在室温下不同压力（200 MPa、400 MPa、600 MPa 和 800 MPa）环境中的实验结果表明，在 LAB 色彩体系中，随着处理压力上升，L 增加伴随 a 下降，肉色由红色逐渐转为棕灰色，这可能是由于压力造成的二价铁肌红蛋白氧化成三价铁的高铁肌红蛋白（马汉军 等，2004）。

气调包装、抗氧化剂和特定微生物组合可以用来延缓肌红蛋白的氧化反应（Ben Abdallah 等，1999；王海燕 等，2001）。

（3）微生物的生长繁殖

微生物污染和繁殖是生鲜肉类最主要致腐的原因。由于微生物的分布广泛，因此，生鲜肉类在加工和流通过程中难以避免受到微生物污染（郑海鹏，2008）。一旦条件适宜，造成微生物大量繁殖，分解肉类中的氨基酸、蛋白质等，生成尸胺、硫化氢、酚类、醛类和酸类物质，即造成生鲜肉类的腐败、变色、变黏和异味（殷蔚申，1991）。

造成生鲜肉类腐败变质的微生物来源较多，通常可以分为内源性污染和外源性污染。内源性污染是由动物体自身携带的微生物，在动物死亡后大量繁殖造成的污染。这主要是由于宰前检验检疫不合格，疫病未被检出造成。这类微生物包括沙门氏菌、李斯特菌、链球菌、结核杆菌、猪瘟病毒和炭疽杆菌等，其中以沙门氏菌最为常见（李晓波，2008）。

外源性污染主要是在动物体屠宰、加工、贮藏、流通过程中，由于环境条件、操作工具、操作流程和操作人员的个人卫生状况缺陷造成的微生物侵入（李晓波，2008）。外源性微生物来源广泛，种类也更为繁多。图 2-2 列举了部分侵染肉类食品的微生物菌相来源（杨汝德 等，2001）。

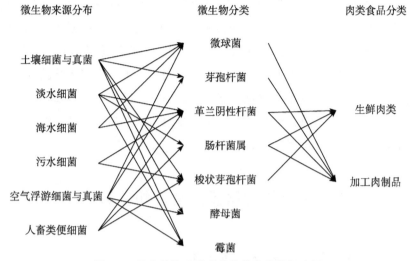

微生物来源分布　　　　　　　　微生物分类　　　　　肉类食品分类

土壤细菌与真菌　　　　　　　微球菌
　　　　　　　　　　　　　芽孢杆菌
淡水细菌
　　　　　　　　　　　　　革兰阴性杆菌　　　　生鲜肉类
海水细菌
　　　　　　　　　　　　　肠杆菌属
污水细菌
　　　　　　　　　　　　　梭状芽孢杆菌　　　　加工肉制品
空气浮游细菌与真菌
　　　　　　　　　　　　　酵母菌
人畜类便细菌
　　　　　　　　　　　　　霉菌

图 2-2　部分侵染肉类食品的微生物菌相来源

微生物利用生鲜肉类营养物质的生长和繁殖也是正反馈的链式反应。大多数初始菌落的微生物不能直接水解蛋白质，只能利用有限的小分子氨基酸和多肽营养，而肉类成熟过程中的蛋白质自溶和微生物繁殖同时发生，伴随微生物繁殖分泌的胞外蛋白酶大量增加，使微生物分解肉类蛋白质、营养自身并迅速繁殖，加速生鲜肉类的腐败。

3.水产品质量损失机制

水产品由于营养物质和水分含量高，pH 值接近中性，肌肉中的结缔组织少，容易碱性化，因此相比于生鲜果蔬和肉类，水产品更容易腐败变质（姜兴为 等，2010）。由于水产品与生鲜肉类产品都是以氨基酸、蛋白质和维生素为主要营养成分的动物源性食品，因此，水产品腐败变质的机制与生鲜肉类相比有诸多相似之处，如都会发生微生物生长繁殖、酶促的脂类氧化酸败等。

水产品与生鲜肉类在质量损失上机制上的差异有两点：一是水产品的高营养和高水分环境极适宜微生物生长，其持久保鲜更为困难；二是水产品的高水分含量使其在低温保藏过程中会发生重结晶作用，损害微观组织结构，加速水产品理化、生化腐败速度。

重结晶是指水分从小冰晶体向大冰晶体移动造成的冰晶数量减小、单体增大的物理过程。水产品在低温保藏过程中,由于水分含量高、温度低于冰点,会形成冰晶,造成组织破坏。而低温保藏过程中的温度波动上升,会使小冰晶融化,在温度波动的下降过程中,水分向大冰晶附着(邢少华,2013)。结晶的增长会损害水产品的肌肉组织,破坏细胞区域化,从而促使水产品腐败加剧。在水产品冷冻储藏时,常用抗冻蛋白抑制重结晶、减少细胞损伤、保持水产品质地、降低营养物质的损失(郭玉华 等,2007);在水产品加工过程中,常使用物理手段将抗冻蛋白与水产品进行直接混合、渗透和浸泡,改善冷冻水产品的质量(Griffith et al.,1995)。

二、可追溯供应链的质量安全感知参数

1.冷却保藏运输中的温度与湿度

以冷却保藏和运输为主要工艺手段的冷链物流是当前应用最成熟也最广泛的生鲜农产品贮运保鲜工艺。目前相对于其他生鲜农产品质量安全保障手段,冷却保藏运输的成熟度、市场化和产业化最为先进,生鲜果蔬、肉类、水产品冷链流通率分别达到5%、15%、23%,冷藏运输率分别达到15%、30%、40%(国家发改委,2010)。与真空、气调贮运、保活运输等新兴工艺手段相比,冷链物流之所以发展最早,是因为对生鲜农产品进行冷却所获得的货架期上的边际收益最大。从生鲜农产品质量损失的机制角度分析,这是因为与其他调控手段是针对部分质量损失的机制不同,对温度的调控几乎影响造成生鲜农产品质量损失的所有机制的反应进程。

首先,对于生鲜果蔬,通过降低贮藏温度到不受冷害前的最低温度,降低果蔬的呼吸强度、氧化酶的活性和酶促反应速率、病原菌的代谢和繁殖速率,达到降低果蔬质量损失的目的;其次,低温环境还能控制生鲜农产品病原微生物的繁殖,减少病原微生物在生长繁殖过程中对营养物质的消耗、分泌的有毒物质造成的质量损失(史贤明,2003;孔凡真,2006);再次,对于生鲜肉类,由于脂肪氧化酸败的链式反应形成了正反馈系统,因此温度能够在极短的时间内影响脂肪氧化速率,而降低温度贮存能有效延长生鲜肉类的贮藏时间(杨哲 等,2013;王毅 等,2013);最后,低温还通过影响氧

合肌红蛋白还原酶的活力，降低肌红蛋白氧化速率，有效地阻抗引起肉品褐变的三价高铁肌红蛋白的生成（白凤霞 等，2009；Ben et al.，1999）。在冷却保藏和运输中，相对湿度与温度是同等重要的监控参数，这是由于不同农产品贮藏过程中适应的相对湿度存在差异，因此需要将相对湿度进行单独的控制设计（韩忠良，2012；彭斌 等，2001）。

温度、湿度对生鲜果蔬及生鲜肉类和水产品质量损失的影响分别如图 2-3、图 2-4 所示（刘静，2013；刘璐，2010）。

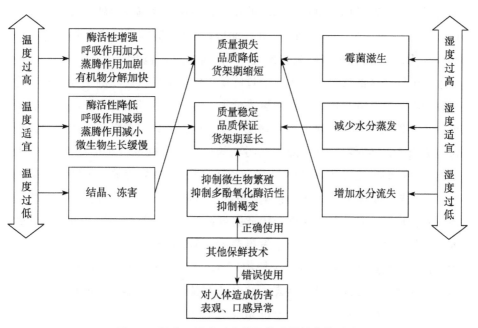

图 2-3　温度、湿度对生鲜果蔬质量损失的影响

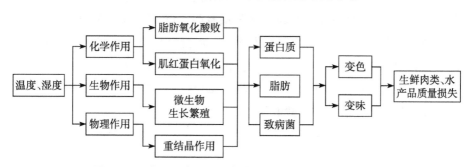

图 2-4　温度、湿度对生鲜肉类和水产品质量损失的影响

2.气调保藏运输中的气体成分

气调保藏运输按照气体来源可以分为气控包装（Controlled Atmosphere Packaging，CAP）和气调包装（Modified Atmosphere Packaging，MAP）（谢晶 等，1999）。气调包装的机制是通过气体成分和浓度调节，降低生鲜果蔬呼吸作用速率、降低病原微生物代谢强度、保持肉类色泽等。由于真空环境也能够抑制好氧微生物的生长、抑制需氧的脂类和蛋白质氧化进程，起到延缓生鲜农产品的质量损失速率的作用，并在某些场合保鲜效果优于气调包装（肖香 等，2013；李小平 等，2011；霍晓娜 等，2006；张海伟 等，2006），因此，可以将真空包装视为一类特殊的气调包装。

在生鲜果蔬的气调包装中，通过降低生鲜果蔬贮存环境的氧气浓度，达到控制呼吸速率的目的。气调包装降低了果蔬贮藏的呼吸作用损耗，能够获得更长的贮藏时间、更高的果实硬度、更低的营养风味色泽和质地损失、更长的货架期，同时不存在果蔬二次污染的风险（周颖军，2012）。在生鲜果蔬的气调保藏和运输中，降低 O_2 浓度能够抑制生鲜果蔬的有氧呼吸，但由于在 O_2 浓度过低的环境中，生鲜果蔬的无氧呼吸强度会逐渐上升，消耗更多的营养成分，加速质量衰败，因此需要针对不同的果蔬品种，选择适宜的气调保鲜气体成分比例。常见生鲜果蔬的气调保藏运输气体成分如表 2-1 所示。在生鲜肉类的气调保藏和运输中，O_2、CO_2、CO 和 N_2 具有各自的功能，一般需要针对生鲜肉类特点，结合其他保鲜手段的需要，设计生鲜肉类气调包装的气体组分（O'Grady et al.，2000）。CO_2 通常作为生鲜肉类包装内的抑菌剂，但其浓度在40％以上时，抑菌效果便没有显著增加（张嫚 等，2004），且对酵母菌和厌氧菌的抑菌效果有限；O_2 浓度在40％以上才能使肉类色泽自然，但却使好氧菌大量繁殖，并加剧脂肪氧化酸败（付丽 等，2005；张嫚 等，2004）；CO 具有护色和抑菌的双重作用，但应用仅限于对人体无害的极低浓度充填（马丽珍 等，2003）；N_2 作为惰性气体，用于保持气体平衡和防止脂肪氧化酸败等。

表2-1　常见生鲜果蔬的气调保藏运输气体成分

品种	气体比例			温度/℃	湿度
	O₂	CO₂	N₂		
苹果	2%~4%	3%~5%	91%~95%	0~1	85%~90%
梨子	2%~3%	3%~4%	93%~95%	0~1	85%~90%
柑橘	10%~12%	0~2%	86%~90%	2~5	85%~90%
甜橙	10%~15%	2%~3%	82%~88%	0~2	80%~85%
葡萄	2%~4%	3%	93%~95%	-1~0	90%~95%
草莓	3%	3%~6%	91%~94%	0~1	85%~90%
桃子	10%	5%	95%	0~0.5	85%~90%
李子	3%	3%	94%	0~0.5	85%~90%
板栗	3%~5%	10%	85%~87%	0~2	80%~85%
柿子	3%~5%	8%	87%~89%	0	85%~90%
哈密瓜	3%~5%	1%~1.5%	93.5%~96%	3~4	70%~80%
番茄	4%~8%	0~4%	88%~96%	10~12	85%~90%
樱桃	2%~3%	10%	87%~88%	0~2	—
卷心菜	1%~2%	0~5%	93%~99%	0	95%~100%
韭菜	1%~2%	2%~5%	93%~97%	0	95%~100%
蓝莓	6%~9%	10%~12%	79%~84%		

品种	气体比例			温度/℃	湿度
	O₂	CO₂	N₂		
大蒜	2%~5%	2%~5%	90%~96%	0~1	85%~90%
黄瓜	2%~5%	2%~5%	90%~96%	10~13	90%~95%
菜花	2%~4%	4%~6%	90%~94%	13	85%~90%
辣椒	2%~5%	3%~5%	90%~95%	0~1	85%~90%
青椒	3%~5%	4%~5%	90%~93%	5~8	85%~90%
菜豆	2%~7%	1%~2%	91%~97%	7~10	85%~90%
洋葱	3%~6%	8%~12%	82%~89%	6~9	70%~80%
甘蓝	2%~3%	5%~7%	90%~93%	0~3	90%~95%
芹菜	5%	1%~5%	90%~94%	0~1	90%~95%
萝卜	2%~5%	2%~4%	91%~96%	0~1	90%~95%
胡萝卜	1%~2%	2%~4%	94%~97%	1~3	90%~95%
莴苣	10%~12%	5%~9%	79%~85%	0~2	90%~95%
猕猴桃	2%	5%	93%	0.5	—
块根茎	2%~4%	2%~3%	93%~96%	0	98%~100%
生菜	1.5%	2.0%	96.5%	5	—

数据来源：彭国勋等，1996；毛小燕，2002。

水产品的气调包装中，混合气体通常由 O_2、CO_2 和 N_2 3 种或其中的 2 种混合气体组成，目的是通过抑制水产品中微生物的繁殖，减少脂肪的氧化酸败，延长货架期。水产品的气调货架期所受影响因素较多，保鲜机制和最优工艺尚不明确，当前的气体比例和贮藏环境主要针对特定腐败菌而设定（励建荣 等，2010）。常见水产品的气调保藏运输的气体成分如表 2-2 所示。

表 2-2　常见水产品的气调保藏运输的气体成分

品种	气体比例			品种	气体比例		
	CO_2	O_2	N_2		CO_2	O_2	N_2
大西洋真鳕、无须鳕、罗非鱼	60%	40%	0	鲭鱼	70%	0	30%
欧鲽	60%	40%	0	带鱼	60%	10%	30%
黑线鳕鱼、金头鲷鱼	40%	30%	30%	大比目鱼	50%	50%	0
虹鳟鱼	60%	0	40%	金枪鱼	40%	60%	0
波罗的海鲱鱼	40%	0	60%				

数据来源：励建荣等，2010；刘庆润，2009。

3.保活运输中的水温与水质

水产品的高价值、高营养、易腐性和消费者对鲜活水产品需求的增加，决定了水产品的保活运输日益成为水产品供应链的重要组成部分。影响水产品保活运输存活率的主要因素包括水产品的种类与自身健康状况、水质状况、温度状况、运输密度和运输过程中水产品对逆境胁迫的应激反应等（米红波 等，2013；吕飞 等，2013）。

大多数水产品是变温动物，水温对其代谢强度有直接影响。控制保活运输过程中的适宜水温，延缓代谢速率，对提高水产品存活率具有重要作用。对大菱鲆、千岛湖鳙鱼、罗非鱼等的长途保活运输研究都表明，适宜的水温能够有效延长水产品在运输过程中的存活时间（何琳 等，2011；刘伟东，2009；水柏年，2007）。

水质状况的主要因素包括 pH 值、溶解氧、CO_2、氨氮（主要是 NH_3）等。水产品在生理活动中需要不断消耗水中的 O_2，呼出 CO_2，其正常的代谢活动还会产生氨氮类物质。O_2 在水中的溶解度较低，而 CO_2 和 NH_3 的溶解度均较高。在保活运输的过程中，如果任凭水产品生理活动持续影响水质，将会造成水体缺氧和 CO_2、NH_3 的积累浓度过高，最终造成水质恶化加速，水产品死亡率加速上升。因此，在实践中，采用水体底部铺设沸石或活性炭等进行净水、在水体中添加石灰水吸收 CO_2、对采用塑料袋包装的水产品在运输前充氧、对保活运输水槽进行动态增氧、严格控制运输密度等方法改善水质（Skudlarek et al.，2011；King，2009；吴际萍 等，2008；阎太平 等，2006）。

保活运输是较复杂的动态系统和生态系统，目前国内保活运输缺少监控设施，造成水产品死亡的原因难以量化。因此，在运输过程中实时监测水中的温度、O_2、CO_2、pH 值等指标，及时消除不利因素，满足水产品生存的适宜条件，才能有效提高保活运输存活率（吕飞 等，2013）。

4. 机械振动与机械损伤

机械振动和机械损伤会严重加剧生鲜果蔬的质量损失，这是因为：首先，机械振动与机械损伤会造成生鲜果蔬的乙烯应激反应，该应激反应能迅速带来生鲜果蔬乙烯代谢高峰和呼吸高峰，加速其衰老（田密霞 等，2009；李富军，2004）；其次，区域分布假说认为当机械损伤发生时，会破坏酚与酚酶的区域分布，导致氧化褐变发生（孙芝杨 等，2007；Martinez 等，1995）；再次，机械损伤是加剧生鲜果蔬膜脂过氧化作用的重要外部因素，会加剧细胞膜组分的酶促降解，引发细胞膜结构的系统性损坏和细胞质流动性丧失，造成营养成分大量流失（关军锋，1994）；最后，机械损伤对于生鲜果蔬的微生物污染影响尤为严重，机械损伤破坏了果蔬的完整性和保护体系，造成植物细胞的细胞液大量流出，为病原微生物提供了适宜的培养基，使微生物污染和繁殖加剧（Nguyen 等，1994）。

各类生鲜农产品质量安全的参数监测需求如图 2-5 所示。

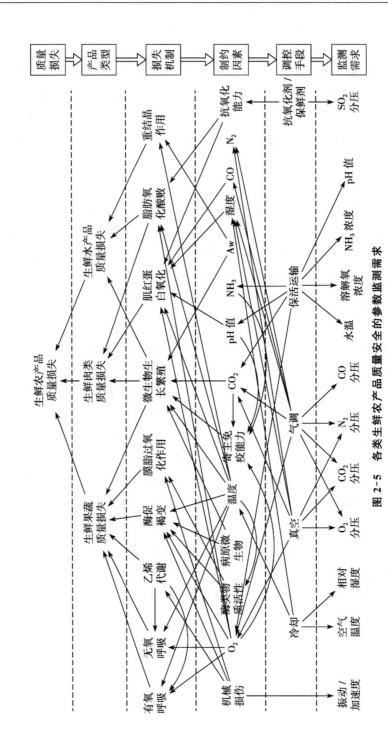

图 2-5 各类生鲜农产品质量安全的参数监测需求

第三节　可追溯系统的数据采集方法

一、可追溯数据采集的关键技术

生鲜农产品质量安全可追溯系统中的信息采集技术主要有条码识别、射频识别（Radio Frequency Identification，RFID）、时间温度指示器（Time Temperature Indicator，TTI）、机器视觉、无线传感网络（WSN）技术。

1. 条码识别

条码识别集成计算及编码、解码、印刷和光传感技术，将宽度不等的多个黑条和空白（二维码为色块），按照一定的编码规则排列，用以表达一组信息的图形标识符（维基百科，2014）。条形码的识别分为扫描和解码两个过程，使用特定的条码扫描枪完成。条码的优点是成本低、易于部署，缺点是视距识别、易污染、不能复用、易复制等。

2. RFID

RFID技术基于射频信号的空间传输，实现对被标识物的识别。与条码相比，RFID识别过程不可见，保密性好，同时可以实现超视距范围识别、多标识同时识别、标签复用与抗污染等。RFID的缺点是比条码成本高。RFID和条码均是成熟的标识技术，由于特性各异，因此，常用于生鲜农产品供应链可追溯体系的不同阶段，如在大批次的原材料跟踪和生产过程中使用可复用的RFID技术实现供应链管理的自动化，在零售包装过程中使用条码标识追溯码以降低成本（图2-6）。

3. TTI

TTI是能够记录与跟踪生鲜农产品物流过程中的时间温度历程，并通过机械形变或颜色变化直接反映被监测产品的全部或者部分货架期变化的标识与感知技术（谷雪莲 等，2005；Giannakourou et al.，2003；Taoukis et al.，1989）。由于反映了生鲜农产品供应链的真实环境经历，TTI指示的货架期比预设货架期、保质期等标识更为可靠。从工作原理的角度划分，TTI

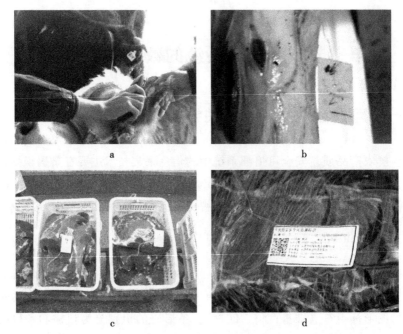

图 2-6　RFID 与条码在冷鲜牛肉质量安全可追溯中的混合应用模式

一般可以分为化学型、酶型、机械型、电子型和微生物型等（图 2-7）。TTI 的优点在于能够直接表征生鲜农产品剩余货架期，缺点是其信息无法数字化以便于供应链实时远程监控和资源管理的优化（Qi et al.，2014）。

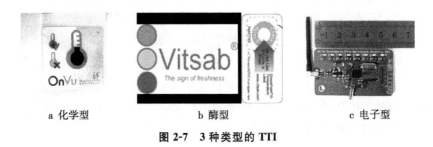

　　a 化学型　　　　　　　　　　b 酶型　　　　　　　　　c 电子型

图 2-7　3 种类型的 TTI

4.机器视觉

　　机器视觉手段能够在不便于应用常规个体识别和环境感知手段的场合采集图像证据，但由于计算机视觉所用设备复杂、集成度低、成本高、数据量大、处理复杂，因此仅限于生鲜农产品质量安全可追溯系统中数据采集的辅助手段。

5. WSN

伴随着消费者需求的日益提高和技术的日益进步，生鲜农产品质量安全可追溯已不仅限于采集供应链结构信息，还要求能通过采集供应链环境信息，更加准确、动态地反映生鲜农产品品质及其变化趋势，而无论是被动RFID标识、条码、TTI还是机器视觉手段均不能满足这一需求。WSN作为综合应用传感器、嵌入式计算技术的分布式信息处理技术，可以在任何时间、地点和任何环境条件下采集海量数据，特别适用于工业控制和环境监测（Tan et al.，2009；王翯 等，2010）。WSN在精细农业，特别是温室控制、精确灌溉、动植物生长监测等领域的应用研究（Pierce et al.，2008；Vellidis et al.，2008；López Riquelme et al.，2009；Díaz et al.，2011；张荣标等，2008；何东健 等，2010）使该技术应用于生鲜农产品质量安全可追溯领域成为趋势和现实（表2-3）。

表 2-3　不同追溯数据采集技术的比较

序号	采集技术	功能	距离	抗污性	价格	耐用性	信息量	复用性
1	条码	识别	近	弱	很低	易损	小	一次性
2	RFID	识别	较远	强	较低	好	较大	循环
3	WSN	识别/感知	最远	强	较高	好	大	循环
4	TTI	感知	最近	一般	最低	易损	一般	一次性
5	机器视觉	识别/感知	较远	一般	最高	好	大	循环

数据来源：傅泽田等，2013。

二、可追溯感知数据采集的无线通信协议

目前，已被用于可追溯感知数据采集的无线通信协议有以下几种。

1. IEEE 802.11（WLAN）协议族

IEEE 802.11是一种具有里程碑意义的无线局域网通信标准，该标准使得不同厂商的无线局域网产品实现了互联互通。同时，IEEE 802.11标准的

单芯片解决方案降低了无线局域网的成本。早期 IEEE 802.11 支持的最高通信速率为 2 Mbps，随着互联网应用的发展，该速率逐渐不能满足需要，因此，IEEE 进一步推出了 802.11b、802.11a、802.11g 和 802.11n。

IEEE 802.11b（Wireless Fidelity，Wi-Fi）通过 2.4 GHz 直接序列扩频，将最高通信速率提升为 11 Mbps，在开放环境的有效通信范围为 300 m。IEEE 802.11a 标准是 IEEE 802.11b 的后续完善，但由于成本较高、兼容性差，该扩展标准尚未普及。IEEE 802.11g 在 2.4 GHz 频段兼容 IEEE 802.11b，同时可以提供 54 Mbps 的通信速率，可以实现现有 WLAN 向高速 WLAN 的平滑过渡。IEEE 802.11n 通过将多入多出（MIMO）和正交频分复用（OFDM）技术相结合，将 WLAN 的通信速率从 54 Mbps 提升到 300 Mbps，同时提高了无线传输的质量和速度，是 WLAN 技术的发展方向。

2. IEEE 802.15.4（ZigBee）

IEEE 802.15.4 标准在应用领域被称为 ZigBee，取其多跳路由类似蜜蜂做折线形（Zig Zag）舞蹈的象形含义。ZigBee 协议是 ZigBee 联盟在 IEEE 802.15.4 低速 WPAN 的物理层和介质访问控制（Medium Access Control，MAC）层规约的基础上，完善了网络层、应用支持子层及相关安全服务而形成的广泛应用于无线传感网络协议。ZigBee 的目标应用场合是工业、车载电子、环境、医疗传感器及其伺服机构领域，核心是维持最小流量数据链路和低复杂度设计。ZigBee 具有低功耗、低成本、低延时、大网络容量、可靠和安全的特点。ZigBee 设备理论上可以使用 2 节 AA 电池维持 6 个月最高 250 kbps 的低速通信应用，每个子网支持 254 个从设备的多跳路由，CSMA/CA 的 MAC 层退避机制和 CRC 数据校验机制保证了通信可靠性，而可选的 AES-128 加密算法则增强了通信的安全性（周怡窅 等，2005）。ZigBee 协议的分层结构框架如图 2-8 所示。

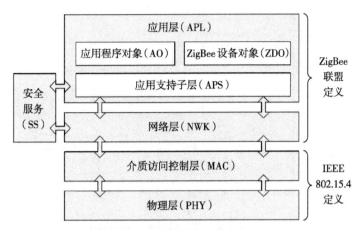

图 2-8　ZigBee 协议的分层结构框架

3. IEEE 802. 16 （WiMax）

IEEE 802. 16 最早是由 Intel 提出和力推的一种高速城域互联网接入方案，全称为全球微波接入互操作性联盟（World interoperability for microwave access，WiMax）。WiMax 工作在 2～11 GHz、10～66 GHz 的频带上，能够实现最大数据速率 70 Mbps 和最远 50 km 的可靠数据、语音和视频传输，并支持 QoS 用以提供不同的服务等级，同时支持身份认证和数据加密。但设备成本高、与现有有线城域网接入标准存在竞争、高频信号衰减迅速也阻碍了 WiMax 的普及（王茜 等，2004）。

4. 通用分组无线业务 （GPRS）

通用分组无线业务（General packet radio service，GPRS）是在 GSM 网络的信道以上叠加一个新的分组交换层而形成的逻辑网络，是基于 GSM 电路以上的分组数据承载业务。由于采用了分组交换的方法，GPRS 的接入速度快，数据速率可达 171. 2 kbps，且能够实现用户的"永远在线"。同时，分组数据交换支持按数据流量计费的服务方式，使用成本较电路交换低。最后，GPRS 支持 TCP/IP 协议，可以实现 GPRS 全网覆盖范围内的 Internet 数据传输。由于具有可靠性高、覆盖范围广和费用合理的特点，GPRS 适合在地域范围广、设备布局分散的应用场合使用（赵亮 等，2005）。

不同无线通信协议的适用场景比较如图 2-9 所示。

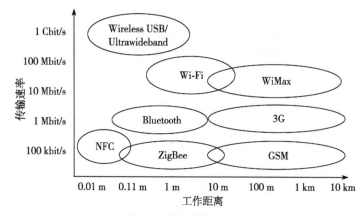

图 2-9　不同无线通信协议的适用场景比较

第四节　可追溯系统的建模方法

一、可追溯系统的构建模式

从系统的结构角度来看，可追溯系统的构建模式可分为集中式和分散式；从系统建设的主体角度来看，可追溯系统的构建模式可分为企业主导、政府主导和第三方主导。Zhang 等（2010）分析了 3 种主导模式下，可追溯系统在系统设计、系统运行、成本和数据粒度 4 个方面的优势与劣势：

①政府、第三方主导的可追溯系统，无论从技术角度还是管理角度，都难以从企业的信息系统获得内部追溯数据支持，因此数据的粒度较粗，难以支持内部追溯；

②第三方、企业主导的可追溯系统，都面临资金匮乏的障碍。其中，企业自主实施的系统需要更高的开发、维护的技术能力和资金成本；

③由于难以识别收益，企业并没有将内部追溯数据与供应链上下游共享的强烈意愿。

二、可追溯系统的流程建模

目前，GS1 全球可追溯标准和日本农林水产省提出的可追溯系统建模标准是建立在公认的组织或国家法规、规范基础上的可追溯系统的流程建模标准。这些标准流程建模方法的提出，实现了供应链可追溯的基本要求和流程分解方法，对实现精确、高效、兼容的供应链可追溯建模具有借鉴意义。

1. GS1 全球可追溯标准

GS1 全球可追溯标准（Global Traceability Standard，GS1）是一种描述可追溯业务流程、独立于技术解决方案的商业过程建模标准。该标准定义了无论何种规模的企业实施与GS1 编码体系兼容的可追溯解决方案的最小需求。根据该标准，内部追溯的业务流程发生在当供应链上的企业接收一个或多个用于内部流程的可追溯单元，且一个或多个可追溯单元在被输出之前（图 2-10）。

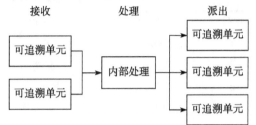

图 2-10　GS1 全球可追溯标准的内部追溯流程

GS1 全球可追溯标准认为，每一个供应链上的主体，其内部追溯的业务流程都包括了追溯单元的接收、内部处理和派出三类操作实例。在追溯应用中，这三类操作过程中的追溯数据应当被采集：

①接收操作：可追溯单元越过供应链上企业的边界，从企业外部到内部的过程。可追溯单元可以是原材料、半成品或最终产品。

②内部处理操作：在同一条供应链上的企业内部或没有显著受到其他企业影响的情况下实施的一个或多个子处理过程。每个可追溯单元的内部处理操作包含一类或多类子处理。GS1 全球可追溯标准所定义的内部处理如表 2-4 所示。

表 2-4　GS1 全球可追溯标准所定义的内部处理

序号	子处理	含义
1	移动	追溯单元的物理重定位
2	转化	改变追溯单元本身、个体标识或其特性的行为
3	存储	是在供应链上的主体内部保持追溯单元位置不变的行为
4	使用	使用一个追溯单元并记录使用追溯数据的行为
5	销毁	将一个追溯单元销毁的过程

③派出操作：可追溯单元从供应链上的一个企业向另一个企业转移的过程。

根据 GS1 全球可追溯标准，追溯数据可以是计划的、预期的或实际的。对于可追溯性，常常需要记载与事件相关的实际时间。GS1 全球可追溯标准对内部追溯各操作的数据需求为记录 4W1E，即当事人（Who）、位置（Where）、时间（When）、追溯单元（What）和事件处理（Event），GS1 全球可追溯标准的内部追溯数据需求如表 2-5 所示。

表 2-5　GS1 全球可追溯标准的内部追溯数据需求

序号	数据需求	数据项	数据关系
1	Who	当事人	标识＋数据元素
2	Where	位置	标识＋数据元素
3	When	日期和时间	日期＋时间
4	What	追溯单元	标识＋数据元素
5	Event	事件处理过程	标识＋数据元素

GS1 全球可追溯标准将追溯数据分为两类，即基础数据和流程数据。在可追溯的语境下，基础数据随时间的推移相对稳定和一致，且与可追溯业务相对独立。例如，可贸易项目的名称、尺寸、原材料产地等产品规格；流程数据则在实际的货物流中产生。流程数据仅当业务流发生（如原材料接收、重量变化）时被记载。显然，当事人、位置追溯单元属于基础数据，事件处理过程属于流程数据。GS1 建议供应链上的企业在记载流程数据前，先设定公共的基础数据。GS1 全球可追溯标准的可追溯性并不要求供应链上的主体必须保存和分享全部的可追溯信息，但这些参与的企业必须有能力在其内部搜索和访问相关数据，并在不侵犯知识产权的前提下向其他企业分享约定的追溯信息。

2. 日本农林水产省可追溯建模标准

日本农林水产省建立的可追溯建模标准面向可追溯单元的转化，定义了 6 种基本的转化模式，分别是聚合（Lot integration）、分解（Lot division）、转化（Lot alteration）、移动（Lot movement）、获取（Lot acquisition）和供给（Lot providing），负责操作的实体在各转化关系的输入与输出可追溯单元之间建立关联。日本农林水产省可追溯建模标准的各类操作模式的定义和实例如表 2-6 所示。

表 2-6　日本农林水产省可追溯建模标准的各类操作模式的定义和实例

序号	模式	定义	实例
1	聚合	多个可追溯单元组成一个可追溯单元	混合、包装
2	分解	一个可追溯单元拆分成多个可追溯单元	切割、剥离
3	转化	一个可追溯单元通过处理生成新的可追溯单元	加热、速冻、干燥
4	移动	可追溯单元在同一个实体内从一个物理地点到另一个物理地点	运输
5	获取	供应链上的一个实体（需方）从供应链上的另一个实体（供方）获得一个可追溯单元	原料入厂
6	供给	供应链上的一个实体（供方）向另一个实体（需方）供应一个可追溯单元	产品出厂

三、可追溯系统的计算机建模

可追溯系统的流程建模实现了可追溯系统的业务流程分析和系统分析，而计算机建模实现的则是可追溯业务与计算机的交互、数据流程的计算机表达。Petri 网、图论、物料清单（Bills of material，BOM）、模糊集理论、贝叶斯网络、因果分析等曾被用于可追溯系统的计算机建模。

例如，张健（2007）利用肉类食品供应链 FMECA 的模糊评价结果作为模糊概率 Petri 网系统的输入，描述了肉类食品危害在供应链上的不确定性传递。李辉（2009）根据因果分析的机制，提出了基于扩展生成树牛肉质量安全事件表示方法和基于改进最小生成树的追溯算法。刘树（2009）以 Petri 网、工作流技术和 BOM-Petri 映射方法构建了肉类食品生产质量可追溯数据模型和过程模型，实现了肉类食品生产过程中的可追溯。

四、现有可追溯系统流程建模方法的不足

1.逻辑抽象在数据层面的可操作性差

现有的生鲜农产品质量安全可追溯系统流程建模方法，以可追溯单元的

转化为中心，已经初步具有生产主体、生产过程、技术方案无关的抽象特征，但也决定了这一标准没有提出具体的数据抽象方法、可追溯单元的关联规则，可操作性不强。

2. 缺乏层次化递归使得农业生产领域应用受限

GS1 全球可追溯标准从贸易的实际需要出发，确定了可追溯单元标识的层次化方法，即分为装运、物流单元、贸易项目和其他项目等，这一划分使 GS1 体系中的追溯标准与标识标准能够对接，但限制了可追溯单元层次化方法的递归，难以在农业领域大量具有种植、养殖场所的应用中建立可追溯单元的层次关系。

3. 缺少针对生鲜农产品品质动态管理的感知数据处理模式

生鲜农产品区别于其他工业品的重要特征在于质量随时间衰败。衰败速度取决于贮藏环境的温度、湿度、振动和气体成分等。因此，需要设计专门用于感知数据处理的基本操作模式，采集感知数据，用于生鲜农产品品质的动态建模。

4. 刚性的可追溯数据粒度不能满足各类用户群体的需要

生鲜农产品质量安全可追溯系统是企业生产者、政府监管者和消费者三类用户互动参与的信息系统，但各类用户对可追溯数据的粒度需求不同，现有的流程建模方法都是建立在不可变的刚性数据粒度上，难以满足各类用户群体的需要。

第五节　面向可追溯的物联网技术概念模型

上文从生鲜农产品质量安全、可追溯的概念界定、可追溯系统的感知数据采集需求、采集方法与关键技术分析、可追溯系统建模的方法论分析等方面出发，分析了改进现有生鲜农产品质量安全可追溯系统在需求上的必要性、技术上的可行性。本节基于以上分析，提出本书需要解决的问题，建立面向生鲜农产品质量安全可追溯的物联网数据采集与建模方法的概念模型，为全文梳理清晰的研究框架与路线，后续章节在本节提出的概念模型脉络基础上，开展详细研究。本书的面向可追溯的物联网技术概念模型如图 2-11 所示。

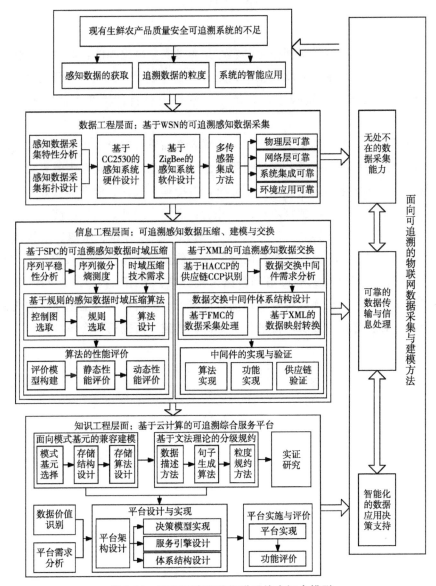

图 2-11 面向可追溯的物联网技术概念模型

本章小结

综上所述，本章针对面向生鲜农产品质量安全可追溯的物联网技术含义广泛、用户需求复杂的问题，就研究范畴的边界进行了界定，对研究过程中涉及的关键需求、关键技术、关键方法进行了分析，构建了研究的概念模型。

对研究中所涉及的生鲜农产品、生鲜农产品质量安全、可追溯与可追溯系统、可追溯系统的数据分类进行了概念定义与范畴界定；对生鲜果蔬、肉类与水产品的质量损失机制进行了分析；对冷却、气调、保活等保藏运输手段的质量安全感知的参数需求进行了分析，确定了振动、空气温度、相对湿度、O_2 分压、CO_2 分压、N_2 分压、CO 分压、SO_2 分压、水温、溶解氧浓度、NH_3 浓度、pH 值等为质量保障手段的首要监测参数；对条码、RFID、TTI、WSN、机器视觉等可追溯数据采集方法，Wi-Fi、ZigBee、GPRS 等可追溯系统中的数据无线传输协议的特性进行了分析；对可追溯系统的流程建模与计算机建模方法及不足进行了分析；构建了研究的概念模型。

第 二 篇
数 据 工 程

第三章　基于 WSN 的可追溯感知数据
采集方法

通过对生鲜农产品质量损失机制的分析可以得出，呼吸作用、乙烯代谢、酶促褐变、膜脂氧化作用、脂肪氧化酸败、肌红蛋白氧化和微生物污染等是造成生鲜果蔬、肉类和水产品在贮藏、加工及运输过程中质量损失和质量危害发生的最主要动力学机制。为抑制这些不利影响的发生，常用的保鲜手段包括冷却、真空、气调和保活运输等。

实现生鲜农产品质量安全可追溯的贮藏、加工和运输全程的温度、湿度、振动、O_2 含量、CO_2 含量、CO 含量、N_2 含量、SO_2 含量、水温、溶解氧等关键环境参数的实时感知与采集，一是可以通过评估生鲜农产品在供应链中的逆境持续时间和严重程度，估算生鲜农产品的剩余货架期，实现基于货架期的生鲜农产品质量安全决策，减少生鲜农产品质量危害的发生；二是可以通过对关键参数的监测，对生鲜农产品供应链上的保鲜设施和流程实现故障预警和故障诊断，提高供应链管理水平。因此，实现生鲜农产品质量安全可追溯的全程感知数据采集，无论是对消费者还是加工企业而言，都具有重要的现实意义。

然而，生鲜农产品供应链是一个动态的、可变的范畴，这包含了两个方面含义：一是指生鲜农产品供应链的参与主体存在动态变化，如供应链内存在以第三方形式存在的贮藏和运输装备，这些装备作为服务业的生产资料，可能参与到不同生鲜农产品供应链中去；二是指其中的运输装备本身就具有移动能力，且对其监测的意义就在于获取物流在途的生鲜农产品质量损失信息。生鲜农产品供应链的动态、可变性造成了感知数据采集难度增大，人工数据采集效率降低，只有借助信息化的技术支撑才能满足需求。

无线传感网络不需任何网络基础设施即可在任何时间、地点和任何环境条件下采集海量数据的特性，使得其在生鲜农产品供应链中得到应用、实现全程可追溯数据感知成为可能。本章针对现有可追溯系手工数据录入效率低、劳动力成本高、错误率高和难以实现供应链全程数据感知的问题，从系统稳定性、低功耗和扩展性出发,设计一套基于 WSN 的生鲜农产品质量安全可追溯感知数据采集方法,开发基于 CC2530 无线传感 SoC 的生鲜农产品质量安全数据感知节点、由 ZigBee 协调器和 ARM 工控计算机组成的网关中继器和远程数据采集中间件的硬件与软件原型,实现生鲜农产品质量安全可追溯感知数据的实时采集、传输,为生鲜农产品供应链质量安全可追溯应用提供数据源基础。

第一节　采集方法的总体设计

一、感知数据采集的特点

1.分布式、动态性

生鲜农产品供应链一般包括种植、养殖、运输、加工、流通和销售等多个阶段。随着经济的不断发展,生鲜农产品供应链的结构也变得日益复杂,跨区域、跨国供应链的形成要求供应链上的感知数据采集方法具有分布式和动态性的特点,能从供应链所处的任意物理位置,向数据中心传递表征生鲜农产品质量、环境信息的感知数据。

2.低速率、低功耗

由于生鲜农产品供应链的质量安全感知数据采集和传输属于数据通信,因此,与语音和视频等流媒体相比,对数据速率的需求并不高。同时,分布式和动态性的数据采集特性决定了传感器和处理器不可能拥有大功率、不间断的电源供给,因此,在感知数据采集中实现低功耗是采集方法能够持续稳定工作的重要前提。

3.可靠性、鲁棒性

生鲜农产品的易腐性决定了在其质量管理过程中,对质量安全感知数据的采集和传输必须稳定和鲁棒。这是因为,使用信息化和自动化的感知数据采集方法,取代传统的纸笔和手工录入,最终目的在于提高生鲜农产品质量安全的管理效率,实现对质量安全风险的预警、对质量安全事件的决策,而稳定和鲁棒的数据来源获取则是实现预警和决策支持的重要基础。

4.低成本、易用性

生鲜农产品的供应链各阶段属于农业或食品工业的生产领域，这些领域由于发展模式和发展阶段的原因，利润率普遍不高。在这些人口过剩的领域应用科技要素，往往适得其反地变成成本负担（温铁军，1999）。因此，在生鲜农产品供应链上应用的作为技术要素的感知数据采集技术与方法，必须具备低成本的特点，以使得信息技术在带来管理效益的同时，不显著地增加生产环节的经济负担。同时，易用的采集方法使得在感知数据采集的实施过程中，培训和维护的成本得以降低。

二、感知数据采集的协议选择

感知数据采集前端采用 ZigBee 协议实现传感器的自组织，ZigBee 技术是具有统一技术标准的无线通信技术，用户只需要自己定义相应的应用层即可，大幅简化了其开发周期和难度，为用户提供了灵活方便的组网模式。其工作在工业科学医疗（ISM）频段，定义了两个物理层，一个是 868/915 MHz，一个是 2.4 GHz，其中 2.4 GHz 频段在全球免许可证，可以通用。表 3-1 为 ZigBee 通信技术主要参数（纪德文 等，2007）。

表 3-1　ZigBee 通信技术主要参数

频率/MHz		扩频参数		数据参数		
		码片速率/ (kchip/s)	调制方式	比特速率/ (kbit/s)	符号速率/ (ksymbol/s)	符号阶数
868/915	868	300	BPSK	20	20	二进制
	915	600	BPSK	40	40	二进制
2405	2405~2480	2000	O-QPSK	250	62.5	十六进制

低功耗是 ZigBee 技术的最主要特点。对于使用干电池的精简功能设备而言，更换电池的难度往往很大。而在应用了 ZigBee 技术的数据传输过程，实现了基于信标使能的减少功耗机制，主要是限制了精简功能设备与全功能设备之间的数据收发时间及频率，在数据传输过程中处于休眠状态以达到降

低功耗的目的。

在 ZigBee 协议体系中，物理层定义了无线信道与 MAC 层间的接口，提供了物理层数据服务和物理层管理服务。物理层数据服务从物理信道上通过射频服务访问点收发数据，物理层管理服务维护物理层相关数据组成的数据库。该数据库包含了收发器、空闲信道评估、链路质量指示器、信道频率和数据收发等（蒋挺 等，2006）。

在 ZigBee 协议栈中，数据的传输过程由帧结构组织而成。对于协议栈而言，每一层都会具有自身特点的结构。在通信时，每一层会叠加下一层的帧头，组成一个大型的帧结构。ZigBee 协议栈各层帧结构如图 3-1 所示。

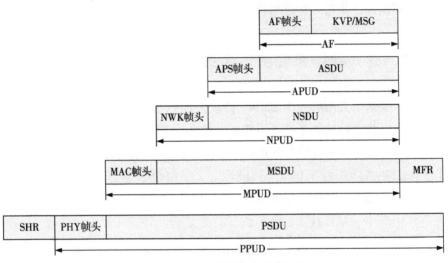

图 3-1　ZigBee 协议栈各层帧结构

三、感知数据采集的拓扑结构

1. ZigBee 网络层的拓扑结构

ZigBee 网络的拓扑结构是指 ZigBee 节点的组网结构，该结构直接影响网络的工作性能。因此，必须针对不同的应用场合和功能特点，选取特定的 ZigBee 网络拓扑。现有的 ZigBee 网络拓扑结构可以依据节点的功能划分为平面网络、分级网络、混合网络和 Mesh 网络（于亮亮，2013）。

平面网络拓扑结构的所有节点均是对等的，各节点具有相同的物理层、

MAC 层、网络层和应用层设计。平面网络结构的优点是结构简单、健壮性强、维护容易，缺点是缺少用于网络组织和管理的网络协调器，必须设计较复杂的网络自组织和自适应算法（图 3-2）。

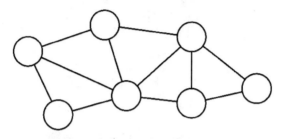

图 3-2　ZigBee 协议的平面网络结构

分级网络结构对平面网络结构进行了扩展，将对等的网络节点划分为具有数据汇聚和网络组织能力的簇头节点和只具有数据采集及转发功能的成员节点。在分级网络中，只有簇头节点具备完善的 MAC 层和网络层协议，这决定了只有簇头节点之间能够互相通信，而成员节点只能采集数据并与其簇头节点通信。分级网络通过强制性的指派簇头，改善了网络的路由结构和管理效率，但提高了硬件成本。另一个不能忽视的缺陷是成员节点较差的通信能力，降低了网络的健壮性（图 3-3）。

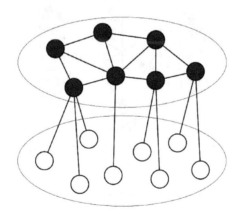

图 3-3　ZigBee 协议的分级网络结构

混合网络结构将平面网络结构和分级网络结构进行了混合，在簇头与簇头、成员节点与成员节点之间采用了平面网络结构，而在簇头与成员节点之间则采用了分级网络结构。这一设计使得成员节点之间也能互相通信并通过路由选择簇头，改善网络的健壮性，但缺陷是硬件成本较分级网络结构更高（图 3-4）。

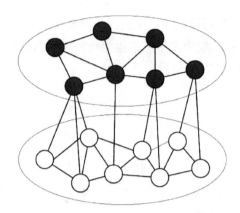

图 3-4 ZigBee 协议的混合网络结构

Mesh 网络结构是改进的平面网络结构，在 Mesh 网络中所有节点均具有相同的数据采集、转发和汇聚能力，并且所有节点均能被自动指派为簇头，这使得网络在一个或多个簇头失效的情境下，仍能通过新簇头的代偿而正常工作。同时，由于网络的每一对节点之间均有可能存在多条路由，这极大地提高了网络的健壮性和鲁棒性（图 3-5）。

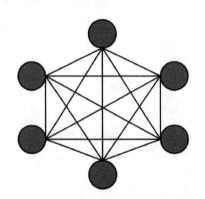

图 3-5 ZigBee 协议的 Mesh 网络结构

2. 感知数据采集方法的拓扑结构

基于以上分析，本章选取 Mesh 网络结构作为感知数据采集的现场网络结构，以 ZigBee 与 GPRS 中继的传输模式完成从感知数据采集现场到远程数据中心的数据通信。ZigBee 网络由部署在托盘、周转箱上的传感器节点和安装在储运车辆、仓库内的 ZigBee 网络协调器构成，协调器与 GPRS 数据传输单元（Data transfer unit，DTU）设计硬件连接，通过 GPRS-DTU

将数据上传到 Internet。由远程数据采集中间件获取感知数据并存入数据库中，由 Web 服务器和内网应用服务器将数据作为内容向公众和内网用户发布。感知数据采集方法的拓扑结构如图 3-6 所示。

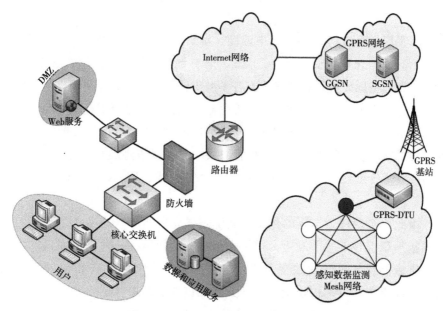

图 3-6　感知数据采集方法的拓扑结构

第二节　系统硬件设计

ZigBee 协议定义了两种设备类型，即全功能设备（Full Function Devices，FFDs）和精简功能设备（Reduced Function Devices，RFDs），这两种设备的差异在于网络功能：FFDs 能够在 ZigBee 网络中与任何设备通信，也能够充当任何网络角色；RFDs 只能在网络中与 FFDs 通信，因此，只能处于网络边界和终端（Farahani，2008）。在一个 Mesh 结构的 ZigBee 网络中，需要存在一个网络协调器（Coordinator）、若干路由器（Router）和若干终端设备（End Device）。协调器负责网络建立及相关配置，是 FFDs；路由器负责路由和报文转发，同样是 FFDs；终端设备负责数据采集和发送，是 RFDs。针对生鲜农产品供应链感知的数据采集需求，本书设计一个作为感知数据采集网关的网络协调器和具有路由功能的感知节点实现感知数据采集。

一、硬件解决方案

为实现生鲜农产品供应链中温度、湿度、振动、O_2 含量、CO_2 含量、CO 含量、N_2 含量、SO_2 含量、水温、溶解氧等各类指标的感知数据采集，感知节点的基础硬件设计应能适配各类型传感器。而传感器从输出信号的类型上可分为模拟式传感器和数字式传感器。模拟式传感器的标准输出一般是 $0 \sim 5$ V 或 $4 \sim 20$ mA 的模拟电压、电流信号，两类模拟信号之间可以通过变送器之间转换。数字式传感器依据总线数量和通信协议的不同而区分，常见的数字式传感器总线，如 I2C 总线、CAN 总线、RS-485 总线、Multibus 总线等。

因此，实现感知节点的传感器适配需要完成两步：一是在物理层的电器连接规程上，感知节点应为模拟式传感器预留至少一种模拟端口、为数字式传感器预留足够的数字引脚；二是感知节点必须具备相应的计算能力，采集模拟端口的模拟量、处理数字端口的总线协议驱动时序。除了传感器适配需求，感知节点还需通过 ZigBee 网络，持续与协调器通信并上传感知数据，因此，感知节点需要由 MCU、ZigBee 模块、传感器接口、电源组成。

针对 ZigBee 的技术特点，目前有两种方案比较流行：一种是 MCU＋RF 型；另外一种为单芯片 SoC 片上系统。第一种解决方案是在 ZigBee 技术的初期，各个公司以 8 位单片机为基础，搭载符合 IEEE 802.15.4 规范的射频芯片，组成非常灵活的硬件平台。单片机与射频芯片通过 SPI 接口连接，MCU 作为核心控制整个协议栈，射频芯片完成无线通信的功能。第二种解决方案是采用了 SoC 片上系统，集成了 MCU 和射频芯片，节约了成本，提高了性能，简化了开发流程，开发难度小于第一种方案，硬件平台比较如表 3-2 所示。

表 3-2 硬件平台比较

方案	MCU+RF			SoC		
	ATmega 128+ CC2420	PIC18+ CC2520	MC1319x+ HC08	CC2530	EM260	MC1322x
优点	低功耗、稳定	稳定	技术支持较好	低功耗、开发方便	16 位 MCU，拥有 SPI 接口	高速无线射频收发
缺点	兼容性差，协议栈需从底层写起	协议栈需从底层写起技术支持少	应用范围窄	8 位单片机，处理能力不够	功耗较大	成本太高
成本	高	高	高	低	低	高

　　处于技术演进的原因，分散式布局在 ZigBee 技术的早期较为流行。例如，Crossbow 公司集成 Atmega 128 系列微处理器与 CC1000 射频芯片开发了 Mica 2、Mica Z 节点，后期基于 Atmega 1281 微处理器开发了 IRIS 节点等一系列科研、商用 ZigBee 节点。但这类方式开发周期长、硬件兼容性和稳定性都较低。集中式的解决方案将微处理器（MCU）与射频芯片（RF）集成在片上系统（System on Chip，SoC）内，提高了系统兼容性、稳定性和开发应用的效率。因此，本书选用 SoC 解决方案。

二、感知节点硬件

　　本书以德州仪器（Texas Instruments，TI）公司 CC2530 SoC 为核心，优化微处理器和射频电路的设计，提高感知节点集成能力。CC2530 芯片由一个增强型 8051 单片机和 ZigBee 射频前端组成，其中 8051 单片机部分包含 256 kB EEPROM、12 位 ADC 和模拟端口；射频前端支持 2.4 GHz 频段的 ZigBee 网络协议，在 MAC 层支持硬件实现的 CSMA/CA，接收灵敏度为 −96 dBm。CC2530 SoC 由 2.0～3.6 V 宽电压供电，主动射频发送功率为 29 mA，接收功率为 24 mA，其睡眠模式和工作模式间的激活转换时间很短，使得此 RF-IC 成为针对超长电池寿命应用的较理想解决方案。CC2530 芯片内部集成了 33 个 16 位配置寄存器、15 个命令寄存器、256 字节接收与发送缓冲区。它是针对无线传感器网络专门设计的射频芯片，满足了无线传感器网络的要求。CC2530 芯片采用 40 脚 QFN 封装，CC2530 芯片的主要功能引脚如表 3-3 所示。

表 3-3　CC2530 芯片的主要功能引脚

引脚名称	引脚	引脚类型	描述
RBISA	30	模拟 I/O	参考电流的外部精密偏执电阻
RESET	20	数字输入	低电平复位
RF_N	26	RF　I/O	RX 期间负 RF 输入信号到 LNA
RF_P	25	RF　I/O	RX 期间正 RF 输入信号到 LNA
XOSC_Q1	22	模拟 I/O	32 MHz 晶振输入
XOSC_Q2	23	模拟 I/O	32 MHz 晶振输入
DCOUPL	40	数字电源	1.8 V 数字电源去耦

为提高感知节点在 ZigBee 网络内通信的可靠性和效率，本书在 CC2530 SoC 的射频前端配置 CC2591 射频功率放大芯片，CC2591 能够借助内建的功率放大器、LNA（低噪声放大器）增强射频发送与接收能力，提高 ZigBee 的链路可靠性。CC2591 的输出功率最高为 22 dBm，待机电流为 100 nA，同时满足低功耗需求。感知节点的硬件框图和实物如图 3-7 所示。

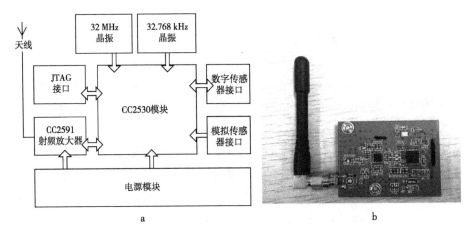

图 3-7　感知节点的硬件框图和实物

1.感知节点性能指标

感知节点的性能指标主要包括通信频率、通信速率、通信距离、射频瞬时功率、工作电流、工作电压、节点寿命、射频接收灵敏度、射频输出功率等。感知节点性能的设计及测试均围绕上述指标开展。感知节点的主要性能指标如表 3-4 所示。

表 3-4 感知节点的主要性能指标

项目	特性	备注
频率	2400～2485 MHz	
通信速率	250 kbit/s	
通信距离	>70 m	视距条件下,通信双方为传感器节点和协调器节点(通信距离与空气湿度有关)
射频瞬时功耗	<1 mW	最大射频功耗 1 mW
电流	<30 mA 发送数据 <27 mA 接收数据 190 μA 电源模式 1 0.5 μA 电源模式 2 0.3 μA 电源模式 3	
电压	2.0～3.7 V	
运行时间	>80 天	三节镍氢电池供电,每 10 s 发送一次报文
灵敏度	−92 dBm	
射频输出功率	−25.2～0.6 dBm	
工作模式切换时间	<120 μs	
运行温度	−85～−40 ℃	

2.感知节点时钟电路

32M kHz 主时钟。CC2530 工作时可以采用片内振荡器提供的时钟,也可以采用外部晶振提供的时钟。本书中，节点采用外部晶振提供时钟（表 3-5）。在电路图 3-8 中是 Y1，采用 32M 的 4 脚表贴晶体，晶体只有对角的 1 脚、2 脚有效，晶振的匹配电容是 27 pF，分别连接到 CC2530 芯片的 23 脚、24 脚（表 3-5）。

表 3-5　感知节点主要工作模式及晶振使用情况

工作模式	晶振工作状态
模式 0	32 M 晶振和 32.768 k 晶振都工作，系统时钟由 32 M 晶振提供
模式 1	32 M 晶振关闭，32.768 k 晶振工作，并提供系统时钟
模式 2	32 M 晶振关闭，32.768 k 晶振工作，并提供系统时钟
模式 3	32 M 晶振、32.768 k 晶振都关闭

32.768 k 实时时钟。为了降低功耗，使节点在休眠状态下进入节省功耗的工作模式，则需要 32.768 k 的实时时钟作为节点的时钟源。在电路图 3-8 中是 Y2，实时时钟要求比较低，普通的 2 脚晶体即可。采用 32.768 k 的两脚插针圆筒晶振。该晶振的匹配电容是 15 pF。分别连接到 CC2530 芯片的 32 脚、33 脚。感知节点时钟的电路设计如图 3-8 所示。

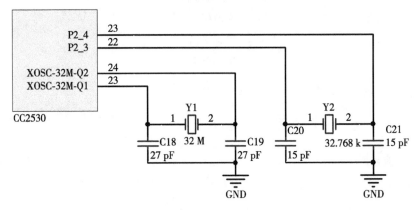

图 3-8　感知节点时钟的电路设计

3.感知节点电源模块

由于在生鲜农产品供应链中，感知节点工作处于无外部直流电源供电的场景中，所以节点需要电池组供电，来维持其正常的工作。本书中，节点采用 3 节可充电镍氢电池供电。当镍氢电池充满电时，每节镍氢电池的供电电压大约为 1.47 V，所以 3 节镍氢电池提供的电压约为 4.4 V，完全满足 CC2530 和 SHT11 的供电电压。如果将来对节点进行扩展，需要连接其他 类型传感器，可以增加镍氢电池的数量来提高电压，在后续的降压模块中可 以把镍氢电池的供电电压降低，以匹配 CC2530 的需求电压。当电池组输出 电压时，电压输出段并联两个电容，分别为 4.7 μF 和 220 μF，以达到滤波 的作用，使供电电压更平稳。感知节点外接电源设计如图 3-9 所示。

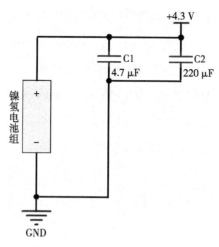

图 3-9 感知节点外接电源设计

CC2530 在正常工作中，需要用到 3.3 V 的数字电源和 3.3 V 的模拟电 源，这就需要降压芯片和数模转换模块。本书中，采用低漏失电压调整器 ASM1117 来调整电压。它的稳压调整管是由一个 PNP 驱动的 NPN 管组成 的。漏失电压定义为：$U_{DROP} = U_{BE} + U_{SAT}$。AMS1117 有固定和可调两个版 本可用，输出电压可以是 1.2 V、1.5 V、1.8 V、2.5 V、2.85 V、3.3 V 和 5 V。片内过热切断电路提供了过载和过热保护，以防环境温度造成过高 的结温。本书中，采用输出电压 3.3 V 芯片。为了确保 ASM1117 的工作稳 定性，输出至少连接一个 10 μF 的钽电容。输出则连接了一个 22 μF 的滤波 电容以达到输出电压的稳定性，感知节点电源降压模块设计如图 3-10 所示。

由于 CC2530 的电源输入端需要模拟电源和数字电源，所以为了提高电 路的稳定性和抗干扰能力，在本书中添加了模拟电源和数字电源的转换电 路，同时根据不同的电源，设计了模拟地和数字地这两种接地方式。模拟电 源和数字电源的转换电路中，AVCC 作为镍氢电池供电经 ASM1117 转换成 3.3 V 电压，经过一个 120 Ω、100 MHz 的磁珠和 2.2 μF、4.7 pF 两个滤

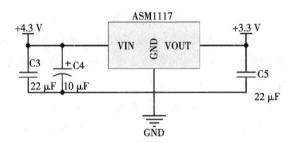

图 3-10　感知节点电源降压模块设计

波电容组成的转换电路，消除了其静态噪声，把 3.3 V 模拟电压转换成为 3.3 V 数字电压，同时利用一个磁珠把模拟地和数字地分开。其中，磁珠的作用是消除高频干扰对电路的影响，感知节点模数电压转换设计如图 3-11 所示。

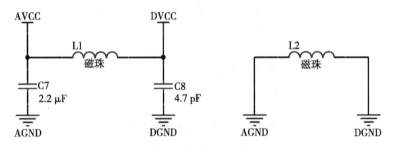

图 3-11　感知节点模数电压转换设计

在整个节点中，感知节点整体供电示意如图 3-12 所示。

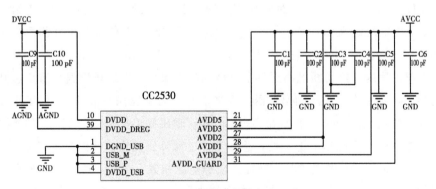

图 3-12　感知节点整体供电示意

4.感知节点 DEBUG 接口

本书中，DEBUG 接口采用了标准 10 针 JTAG 接口形式。其中通过仿真器下载程序过程中，只用到了引脚 1（GND）、引脚 2（VCC）、引脚 3（DC）、引脚 4（DD）、引脚 7（RESET_N）。其中 DC、DD 为两根调试线，DD 为调试时钟信号线，DD 为调试数据线。其他信号线 TX1、RX1 与 CC2530 芯片的串口 1 相连，其他引脚可以用作普通接口线，这几根信号线的引出是为了方便以后性能扩展。感知节点 DEBUG 接口设计如图 3-13 所示。

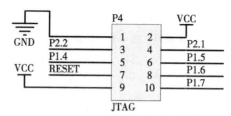

图 3-13　感知节点 DEBUG 接口设计

5.感知节点天线

CC2530 系列芯片需要很少的外围天线阻抗匹配电路，就可以实现数据的收发功能。CC2530 系列芯片含有两个天线输入输出接口，分别为 RF_P 和 RF_N。RF_P 在发送数据期间，接收来自 CC2530 片内 PA（功率放大器）的正向输入射频信号。在接收数据期间，向片内 LNA（低噪声放大器）输入正向射频信号；RF_N 在发送数据期间，接收来自 CC2530 片内 PA 的反向输入射频信号，在接收数据期间，向片内 LNA 输入反向射频信号。RF_P 和 RF_N 为高阻抗性差分输入输出端口，其最佳的负载匹配为 50 Ω。

在本书中，CC2530 外围天线阻抗匹配电路采用了 balun 电路来匹配端口阻抗。巴伦非平衡变压器的作用如下：一是利用了非平衡变压改变了匹配阻抗，使得前端的输出阻抗与后端的输入阻抗相匹配；二是平衡了信号，使信号转变为两个差分的信号送入端口。其中，巴伦非平衡变压器由电容 C11、C12、C13、C14 和电感 L2、L3 及一个微波传送带组成，这些电容、电感原件组成的匹配电路满足了 RF_P 和 RF_N 的阻抗匹配 50 Ω 的要求，感知节点天线设计如图 3-14 所示。

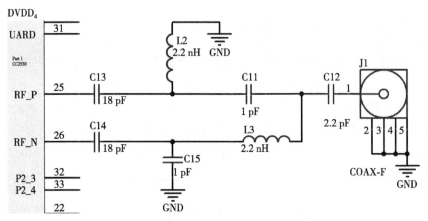

图 3-14　感知节点天线设计

6. 感知节点 ADC 接口

在本书中，ADC 接口采用与 P0 口分时复用。CC2530 中 ADC 支持多达 8 路 14 位模数转换，有效位数（ENOB）多达 12 位。ADC 包含一个多达 8 个独立转换通道的模拟多路转换器，参考电压发生器，并通过 DMA 将转换结果写入存储器，传感器 ADC 接口设计如图 3-15 所示。

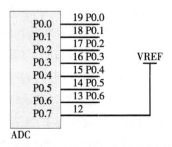

图 3-15　传感器 ADC 接口设计

由于 CC2530 模数转换的基准电压是可选的，可以使一个内部产生的电压或者是 AVDD 引脚上的电压。转换结果的准确性取决于基准电压的稳定性和噪声特性，期望电压的偏差会导致 ADC 增益误差。基准电压的噪声必须低于 ADC 的量化噪声，以保证达到规定的信噪比。该基准电压由 National Semiconductor 公司生产的高精度、低功耗电压参考芯片。这款芯片在精密电子测量仪器仪表、汽车电子、数据采集模块等中使用，为这些设备提供一个高精准度的电压参考值。

在图 3-16 中，LM4040 由电池 VCC 供电，提供一个稳定的 VREF =

2.5 V 参考电压，接入 ADC 的 P0.7 口。由于该芯片提供的参考电压精度为
0.5%，故为模拟传感器提供精准参考电压，保证了测量的准确度，感知节
点 LM4040 基准电压输出设计如图 3-16 所示。

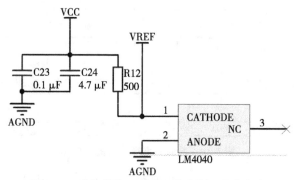

图 3-16　感知节点 LM4040 基准电压输出设计

7. 感知节点存储器

由于节点要采集大量数据，而且为了方便本书中的节点扩展使用，在本
书中加入了大容量的外部存储器。本书选用的存储器为 FLASH 串行存储器
AT45DB041。该存储器的特点为容量大、稳定性高，已经在众多设计中得
到广泛应用。该芯片为四线
制 SPI（串行外部设备接口）
实现与 MCU 的通信。对于
一些带有 SPI 接口的单片机
而言，只需按照数据手册链
接即可。由于本书采用的
CC2530 并没有 SPI 接口，故
使用 I/O 模拟 SPI 接口时序，
实现与存储器 AT45DB041

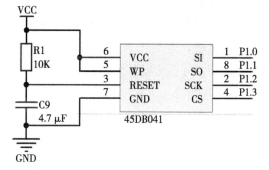

图 3-17　感知节点存储器设计

的数据通信。该芯片工作电压为 2.7～3.6 V，与本节点其他器件电压匹配，
感知节点存储器设计如图 3-17 所示。

在图 3-17 中，显示了 AT45DB041 与 CC2530 的电气连接方式。其中
R1 与 C9 构成了 AT45DB041 的复位电路。

AT45DB041 与 CC2530 的通信是由 SI、SO 这两个引脚来完成的，具体
的通信数据有数据位、命令位、地址位和附加位。单片机的 P1.0 和 P1.1

要通过编程来模拟 SPI 时序，实现正确通信。在本书中 AT45DB041 工作在模式 3，感知节点存储器的时序图如图 3-18 所示。

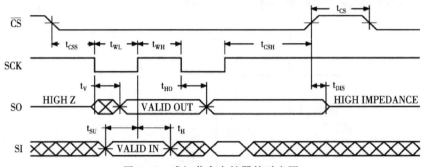

图 3-18　感知节点存储器的时序图

由图 3-18 可以看出，待储存数据在 SCK 引脚的上升沿锁存到存储器内部，在 SCK 引脚的下降沿将锁存器中的数据通过 SO 引脚输出。在 SI 引脚输入数据期间，数据需要保持大于 5 ns 的建立时间，而且还要满足 TH 保持大于 5 ns。这样就要保证 SI 引脚在 SCK 高电平期间最少要有 10 ns 的保持时间。在输出 SO 端口，SO 要在 SCK 下降沿 20 ns 后才会输出数据，并且会在下一个 SCK 下降沿之前恢复。在实际操作中，每种操作都需要两步来完成。首先 CC2530 向存储器依次写入命令码和地址码，然后才能开始进行指令要求操作。在 CC2530 与 AT45DB041 进行数据通信时，CS 端口必须下拉至低电平，但是在 AT45DB041 内部进行数据操作时，CS 由低电平到高电平的转换才能启动该操作。

三、中继器硬件

中继器主要具有两项功能：一是完成感知数据从 ZigBee 网络向 Internet 的协议转换和中继；二是建立和维护感知节点与生鲜农产品批次之间的绑定关系。为实现上述功能，中继器由 ARM 工控计算机和 ZigBee 协调器共同组成。

ZigBee 协调器负责创建和维护 ZigBee 网络，将从感知节点接收到的 ZigBee 数据帧发送给 ARM 工控计算机，并将 ZigBee 网络配置命令向感知节点发送，因此，在协调器需要由 ZigBee 射频前端、ARM 工控计算机的通信模块、电源组成。

为与感知节点进行 ZigBee 通信，协调器也采用 CC2530 SoC 作处理器和 ZigBee 前端。ARM 工控计算机的通信采用 RS-232 串行接口,该接口采用标准 DB9 电气规程,具有统一的电平配置。本书采用 MAX3232 型 RS-232 驱动芯片实现协调器与 ARM 工控计算机之间最大数据速率为 250 kbps 的全双工数据交换。由于协调器监听 ZigBee,不能休眠导致能耗较高,本书采用 TI 公司的 BQ24071 电源管理芯片,进行外接电源与充电管理,以 AS1117-33 芯片实现 MAX3232 的 3.3 V 电源转换。

ARM 工控计算机选取致远电子有限公司 JASS-1000 型工业级现场计算机,操作系统为 Windows CE 5.0。在工控计算机的外围通过 RS-232 接口分别安装 EB-3531 二维条码扫描器、SIM-300 GSM 通信模块、GPS 模块和 ZigBee 网络协调器。二维条码扫描器用于扫描生鲜农产品批次信息,与感知节点建立绑定关系;GPS 模块用于实时获取生鲜农产品批次的定位数据;GSM 通信模块用于将感知数据、定位数据等通过移动通信网络上传。中继器的硬件框图如图 3-19 所示,其硬件原型实物如图 3-20 所示。

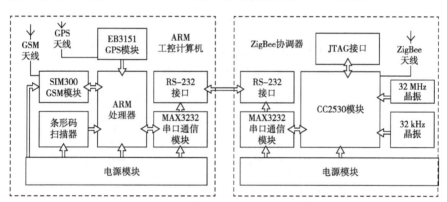

图 3-19 中继器的硬件框图

图 3-20 中继器的硬件原型实物

1. ZigBee 协调器节点电源模块

由于 ZigBee 协调器节点要长时间不停供电，ZigBee 协调器节点需配合车载 ARM 工控计算机等工作，且车载 ARM 工控计算机上面有丰富的 USB 接口，故在本书中 ZigBee 协调器电源采用 USB 供电，供电电压为 5 V，ZigBee 协调器节点 USB 供电设计如图 3-21 所示。

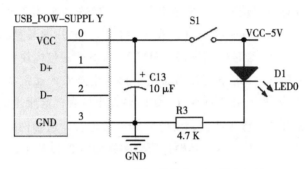

图 3-21　ZigBee 协调器节点 USB 供电设计

为了与 CC3530 电压匹配，使用 AS1117-33 芯片实现 5 V 电压转 3.3 V 电压，ZigBee 协调器节点供电降压模块设计如图 3-22 所示。

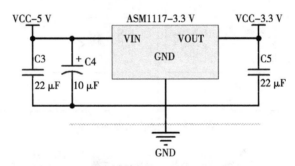

图 3-22　ZigBee 协调器节点供电降压模块设计

2. ZigBee 协调器节点数据传输模块

ZigBee 协调器负责接收上位机的网络配置命令并向上位机传递冷链监测温度信息，所以 ZigBee 协调器节点需要有接口与上位机进行通信。在本书中，CC2530 中集成的 8051 内核将采集到的数据处理后，通过 RS-232 串行接口模块传送给上位机。RS-232 是目前最常用的一种串行通信接口标准。它是在 1970 年由美国电子工业协会（EIA）联合贝尔系统、调制解调器厂家及计算机终端生产厂家共同制定的用于串行通信的标准。RS-232 串行通信是全双工的、可以同时接收和发送数据。不同于传统的 TTL 等数字电路的逻辑电平，它的逻辑"0"电平规定在 5～15 V，逻辑"1"电平规定在 −15～−5 V。RS-232 串行接口总线适用于通信距离不大于 15 m 的设备，传输速率最大为 20 kbps，只能进行一对一的通信。

　　由于上位机采用的是广东致远电子有限公司 JASS-1000 型 ARM 工控计算机，该型号计算机带有标准 DB-9 串行接口，所以设计了 ZigBee 协调器节点的串口。RS-232 引脚编号及意义如表 3-6 所示。

表 3-6　RS-232 引脚编号及意义

引脚	简写	意义
引脚 1	CD	载波检测
引脚 2	RXD	接收字符
引脚 3	TXD	传送字符
引脚 4	DTR	数据端备妥
引脚 5	GND	地线
引脚 6	DSR	数据备妥
引脚 7	RTS	请求传送
引脚 8	CTS	清除已传送
引脚 9	RI	响铃检测

　　在本书中，串行接口由电源转换芯片 MAX3232 和标准 DB9 串口接口组成。MAX3232 具有两组全速率串行收发器，最大数据速率为 250 kbps。在 TI 公司提供的 CC2530 数据手册中，标明了有多种方式借助 I/O 配置为串口来实现串行通信，CC2530 串口端口选择方式如表 3-7 所示。

表 3-7　CC2530 串口端口选择方式

方式	1	2	3	4
TX	P0.2	P0.5	P1.4	P1.7
RX	P0.3	P0.4	P1.5	P1.6

　　在本书中，采用第一种方式，即 P0.2、P0.3 作为读写端口。由于 CC2530 使用的是 3.3 V 的高电平。而 RS-232 则使用的是负逻辑电平，其

高电平为$-15\sim-3$ V，低电平为$3\sim15$ V。这就造成了电压不匹配而无法进行数据通信。因此，需加一个电平转换电路来实现电平的匹配，在本书中，采用的是 MAX3232 串行接口芯片。MAX3232 具有两组全速率串行收发器，最大数据速率为 250 kbps，使用 $3.0\sim5.5$ V 的直流电源，ZigBee 协调器节点数据上传模块设计如图 3-23 所示。

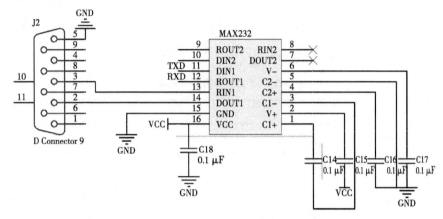

图 3-23　ZigBee 协调器节点数据上传模块设计

第三节　系统软件设计

　　系统软件包括感知节点、协调器的嵌入式软件、ARM 工控机软件和远程数据采集中间件，其中 ARM 工控机软件、远程数据采集中间件以 C#语言编写，开发环境为 Microsoft Visual Studio 2008。系统软件的集成开发环境如图 3-24 所示。

a　　　　　　　　　　　　　　　b

图 3-24　系统软件的集成开发环境

感知节点与协调器的嵌入式软件以 C 语言编写，IDE 为 IAR Embedded Workbench for 8051 嵌入式集成开发环境和 Z-Stack。Z-Stack 是 TI 公司在 ZigBee 协议栈基础上设计的基于任务优先级的轮转查询的嵌入式操作系统，目标设备为 CC2430/2530 等 SoC。IAR Embedded Workbench 软件是 IAR 系列中的面向 8051 内核的单片机编译器，它可提供完整的嵌入式开发环境。该软件支持 8 位、16 位、32 位等 30 多种 ARM 处理器，包括 C/C＋＋编译器、汇编器、连接器、文件管理器、文本编译器、工程管理器和 C-SPY 调试器等。通过其内置的针对不同芯片的代码优化器，生成高效可靠的 FLASH/PROMable 代码。

感知节点与协调器嵌入式软件调试工具是 RF-Storm 公司生产的 CCdebugger 仿真器。该仿真器支持 TI SmartRF Flash Programmer 下载程序；支持 TI SmartRF Studio 测试和调试 CC 系列器件；可与 IAR Embedded Workbench for 8051 编译开发环境实现无缝连接。仿真器通过 USB 接口直接连接到电脑端，再连到含 CCxxxx 系列 SOC 的无线终端设备，实现对 CC 系列无线 SoC 实时在线仿真、调试。具有代码高速下载，在线调试，断点、单步、变量观察，寄存器观察等功能。

一、Z-Stack 协议栈

Z-Stack 协议栈是 TI 公司开发的面向 ZigBee 协议的免费协议源代码库。在本书中，所设计的节点考虑了开发成本和周期的要求，移植了 Z-Stack 协议栈。作为半开源操作系统，Z-Stack 的 ZigBee 应用支持子层、设备对象层、网络层、Mac 层不开放，因此不需要开发过程；软件设计在硬件抽象层和应用层编写，包括硬件抽象层的芯片与传感器引脚、时序定义和应用层的传感器采样和射频发送函数等。

Z-Stack 协议栈默认装载在 IAR 开发环境的工程中。Z-Stack 协议栈根据 IEEE 802.15.4 和 ZigBee 联盟指定的标准分为以下几层：应用程序接口层（Application Programming Interface，API）、硬件抽象层（Hardware Abstract Layer，HAL）、介质访问控制层（Media Access Control，MAC）、网络层（Zigbee Network Layer，NWK）、操作系统抽象层（Operating System Abstract System，OSAL）、ZigBee 设备对象层（Zigbee Device Objects，ZDO）等。使用该协议栈可以实现复杂的网络链接，在协调器节点

中实现对路由表和绑定表的非易失性存储，因此网络具有一定的记忆功能。

Z-Stack 操作系统是一个多任务、分时段的操作系统。在该系统的工作流程中，首先通过调用系统初始化函数对系统进行初始化，建立一个空的任务链表。空的任务链表建立后，根据实际需求往里面添加相应的任务结构体。任务结构体通过任务添加函数加入任务链表，其中该任务结构体包含任务 ID、任务事件体、任务优先级及任务初始化等。

二、OSAL 层任务

Z-Stack 协议栈在运行时，会受到操作系统抽象层（OSAL）管理。在应用层开发的时候，须通过创建 OSAL 任务来运行相应的应用程序。通过调用 osalInitTasks（ ）函数创建所需的 OSAL 任务，其中 TaskID 为每个任务的唯一标识号，来区分不同的任务。

在程序中，OSAL 任务和 Z-Stack 协议栈一样，也是分为两步：①进行初始化；②对任务时间进行处理。在初始化过程中，首先会对所有任务进行检测，然后根据每个任务的大小分配相应的存储空间。检测各个任务的优先级，从物理层（NWK）到应用层（APL）按照优先级由高到低进行排序。在 TI 公司刚刚推出的 ZigBee 2007/PRO 中，进行添加任务的进程与 ZigBee 2004 不同，ZigBee 2007/PRO 取消了添加任务函数：osalTaskAdd（ ），而是在一开始的初始化过程中利用初始化函数添加相应的任务。任务初始化函数如下：Void osal_Init Task（void）。

操作系统在执行完初始化函数后，就会控制整个系统函数。操作系统根据实际项目情况，就会不断地查询每个任务，查询任务是否会有事件触发。一旦有事件触发，操作系统就会自动跳转到该时间函数进行处理；如果没有，则会一直查询下去，直到有事件触发。

初始化函数最后触发 ZB_ENTRY_EVENT 事件，则事件处理函数首先要对该事件进行处理。在该事件中，调用了 zb_Handle（ ）OsalEvent 函数，该函数由具体的应用设备程序来完成。然后通过 AF_DATA_CON-FIRM_CMD 函数来唤醒 AF_DataRequest（ ）函数，来发出数据请求信息。

三、NWK 层任务

1. 组网

在每一个 ZigBee 设备中，都会有一个 64 位的 IEEE 长地址，称为 MAC 地址。该地址和 PC 的网卡地址一样，是全球唯一的，终身分配给设备，该地址由 IEEE 设定。但是在实际应用中，64 位地址很不方便。为了解决此问题，引入了 16 位的网络地址也称短地址。该 16 位的短地址在所应用的网络中是唯一的，由所在网络的协调器节点分配，用来识别所应用网络中的其他设备。

由于 16 位网络地址由应用网络中的协调器节点分配，为了避免该应用网络内的地址冲突，每一个设备都必须有自己独立的 16 位网络地址。协调器节点通过其 IEEE 地址随机设定一个 PAN_ID（网络编号，以区分不同 ZigBee 网络）。如果协调器节点的 ZDAPP_CONFIG_PAN_ID 设置 PAN_ID 为 0xFFFF，则传感器节点的 ZDAPP_CONFIG_PAN_ID 也设置为 0xFFFF，传感器节点会在默认信道上随机选择一个网络加入。但如果协调器节点的 ZDAPP_CONFIG_PAN_ID 设置 PAN ID 为非 0xFFFF 值，则会遵循一定的算法参数来分配网络地址。例如，MAX_DEPTH 决定网络的最大深度，该参数限制了网络的物理长度；MAX_CHILDREN 决定协调器可处理传感器节点的最大个数。

在向 ZigBee 节点发送数据时，使用了 AF_DataRequest（　）函数，该函数需要 afAddrType_t 作为目标地址参数。在 ZigBee 协议中，数据包的传送有多种方式，如单点传送、多点传送和广播模式等，传送方式由 afAddrMode 函数来决定。单点传送只能是两点之间进行数据通信，多点传送是发送数据到一组设备，而广播模式是把数据发送给整个网络。

2. 路由

由于 ZigBee 设备已被设定在 2.4 GHz 频段上工作，这一特性限制了 ZigBee 设备的传输距离，ZigBee 设备通过路由来解决这一问题。路由就是数据在经过路由器寻找一个最佳传输路径，并将数据有效地传输到协调器节点，提高了通信速度和长度，减轻了网络负荷，节约了系统资源。而在路由过程中，选择一条最佳路径成为路由的难点。

Z-Stack 协议栈已经为路由算法提供了比较完善的解决办法，路由对于应用层是透明的，只需要利用协议栈将数据下发，协议栈会自动选择最佳路径，通过多跳的方式来进行数据通信。

每一个节点通常会保持它所临近节点的连接成本。连接成本体现在信号强度指示器上，系统会根据连接成本来计算各个连接的成本总和，来确定选择最佳路径。一旦路径被选择，就可以发送数据包了。但如果在数据传输过程中临近节点死亡，即不会收到 MAC_ACK，该节点就会向该路径上的所有节点发送一个 RERR 数据包，设定该路径无效。各个节点在接到 RERR 数据包之后，再重新选择更新路由表。

一个路径上的中间路由节点一直跟踪数据传输的整个过程，一旦出现连接失败，则上游节点会对整个路径启动修复工作。当下一个数据包到达该节点时，节点会重新分配路径。但如果不能成功启动，节点会向传感器节点发送一个路径错误数据包，传感器节点启动新的路径寻找。

四、嵌入式软件设计

以星形网络拓扑为例，说明数据采集系统的嵌入式软件设计。在星形网络连接方式中，由一个协调器节点和多个传感器节点构成。在本书中，由于每一个节点设备都有自己独立配置的参数，整个配置好的参数定义了在其代码的默认值。在整个星形网络的配置参数中，PAN_ID、Channel 等参数必须设置成为同一个值才能形成网络。但是在每一个节点中，各个应用层中的程序代码可以不同。由于在整个星形网络中，必须含有一个协调器节点，故 ZCD_NV_LOGICAL_TYPE 函数必须进行设定，以确保协调器节点可正常启动建立网络，其他传感器节点可顺利加入网络。在设置完毕以后，协调器节点将在指定信道内进行扫描，将一个能量最小的通路设定为路由通道。协调器节点扫描 ZCD_NV_CHANLIST 配置所指定的通道，尝试加入 ID 为 ZCD_NV_ PAN_ID 所建立的网络。

故在本书中的星形网络中，各个节点应当具备以下功能：协调器节点可以建立网络、传感器节点可自动寻找并发现协调器节点，传感器节点自动加入网络，建立与协调器节点的绑定关系、传感器节点可进行感知数据的采集、发送周期设置，并能够成功进行点对点的发送、一旦协调器节点没有收到传感器节点的确认帧数据，则协调器节点将于该传感器节点取消绑定关系，并且重新开始绑定。

1. 感知节点的嵌入式软件设计

感知节点的应用层任务主要是感知数据采集和发送。感知节点在启动后首先进行包括系统时钟、堆栈、Z-Stack 操作系统在内的初始化操作，并进行网络配置。初始化工作完成后，Z-Stack 操作系统进入任务优先级轮转，优先级顺序为介质访问控制层（MAC）、网络层（NWK）、硬件抽象层（HAL）、应用支持子层（APS）和 ZigBee 设备对象层（ZDO）；以上各层均中断触发时轮询至应用层（APP）。

应用层的事件处理函数被中断触发后，首先判断中断类型，如果是定时器中断则对传感器进行复位、调用驱动程序进行感知数据采样；采样开始后，应用层事件处理函数不需要等待任务完成即直接退出，进入下一轮轮询；采样完成会再次触发应用层中断，进入事件处理函数并调用应用支持子层的数据实体服务访问点（APSDE-SAP），即通过 ZigBee 网络向协调器发送数据；发送完成后 APSDE-SAP 通过原语通知应用层进行相应处理；一旦接收到经协调器中继的 ZigBee 网络和设备配置命令，感知节点将对自身进行重新配置，如采样间隔、射频功率等。感知节点嵌入式软件的流程如图 3-25 所示。

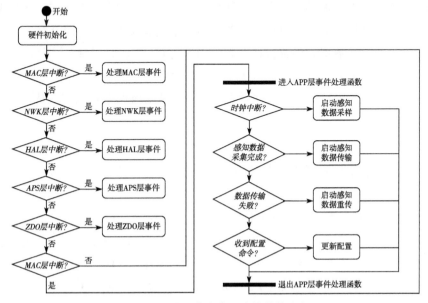

图 3-25　感知节点嵌入式软件的流程

2.协调器的嵌入式软件设计

协调器节点在上电之后，首先对节点进行初始化工作。初始化工作包括节点类型初始化、设备状态初始化、启动休眠模式初始化及自身应用程序初始化等。由于所设定设备类型为协调器节点，故在启动模式设置为 MODE_HARD 模式，设备状态 DEV_HOLD 函数设定为非自动启动模式，在 OSAL 层函数设置中进入 ZB_ENTRY_EVENT 事件函数。然后协调器扫描 DEFAULT_CHANLIST 函数所指定的信道，在其上面建立一个网络。在这个过程中，会调用一系列函数进行格式化网络，并会在不同的阶段改变设备状态。不同的状态模式会产生不同的结果，可以利用中断函数来设定系统状态，也可远程设定。

在执行完格式化网络函数之后，需要用 ZDO_StartDevice（ ）函数来启动设备。其中的 ScanChannels 对 2.4 GHz 频段的 11～26 号信道进行扫描；ScanDuration 在新网络建立之前，其他网络扫描指定信道的时间。值得注意的是，如果协调器节点没有定义 ZDAPP_CONFIG_PAN_ID，则整个网络不会被建立。在系统建立命令不同链路层的传递过程中，该设备的状态也在不断地变化。进入应用层中，首先对串口进行初始化，初始化过程包括设置数据速率、奇偶校验位、停止位等。进一步，协调器组织一个 ZigBee 网络并等待节点发送入网请求；在网络生存期内，协调器监听信道，若监测节点的温度数据到达，则根据监测节点的需求选择发送 ACK 确认帧；对于上传到达的温度数据，协调器记录其信源节点的 16 位物理地址，将温度与监测节点建立关联，最后通过串口向上位机发送；在串口发送失败的情况下，协调器复位串口并重新发送数据；发送完成后继续监听信道等待新的监测数据。

五、ARM 工控计算机软件设计

ARM 工控计算机通过条码扫描器获得生鲜农产品批次信息，并将其与感知节点建立绑定关系。在绑定关系建立后，一旦从 RS-232 端口收到 ZigBee 网络协调器发送的感知数据，即将其中的感知节点地址信息替换为生鲜农产品的批次信息，并添加 GPS 模块采集的位置信息后，通过 GPRS 上传至远程数据采集中间件处。

ARM 工控计算机软件使用 C#语言编写，在本地运行 SQLite 3.0 数据库，实现无 GPRS 数据服务情况下的本地数据缓存。ARM 工控计算机软件实现 4 种功能：一是感知节点控制；二是绑定关系管理；三是数据中继；四是系统的通信管理。由于 ARM 工控计算机屏幕为 640×480 像素，分辨率较低，因此，在界面设计中通过较大的按钮防止误操作。

ARM 工控机软件主界面由 8 个功能按钮和 1 个日志窗口组成。红色的"关闭接收"与"关闭发送"按钮控制 ZigBee 数据接收和 GPRS 数据发送的启停，并随系统状态转换为"开启接收"与"开启发送"；"串口设置"管理 ZigBee 协调器、条码扫描器通信的 RS-232 端口设置；"服务器设置"管理本地服务、绑定关系建立与维护、远程数据采集中间件地址等系统功能设置；"GPRS 设置"与"GPS 设置"管理工控计算机与两个模块的数据通信配置；"锁定系统"通过使所有功能的使能状态失效，防止误操作的可能。ARM 工控计算机的软件设计主界面如图 3-26 所示。

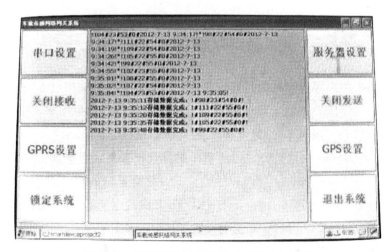

图 3-26 ARM 工控计算机的软件设计主界面

六、远程数据采集模块设计

远程数据采集模块主要有两种功能：一是接收感知数据并将其存储在数据库中；二是向感知数据采集现场发送通信网络配置命令。中间件包括 Socket 网络通信模块、帧解析模块、串行成帧器模块和 ODBC 数据驱动模块，由于功能较为集中，远程数据采集中间件采用 C#语言、命令行界面 (Command Line Interface，CLI) 开发。

Socket 网络通信模块启动一个 Socket 服务进程，通过端口监听等待感知数据采集现场 ARM 工控计算机的连接，建立连接后接收感知数据帧；帧解析模块按照应用层成帧协议将感知数据帧中的生鲜农产品批次信息、环境信息、位置信息和时间信息解析出来；ODBC 数据驱动模块负责建立与数据库系统的连接并通过存储过程调用的方式将帧解析模块还原的感知数据存入数据库中；串行成帧器模块通过调用应用层成帧协议，ZigBee 将网络和设备配置命令封装，并送入 Socket 模块，由 Socket 作为 TCP 帧载荷发送给数据采集现场的 ARM 工控计算机。

第四节　感知数据采集系统测试

一、ZigBee 物理层性能测试

ZigBee 物理层性能测试的目的是检验感知节点与协调器 ZigBee 射频通信物理层（PHY）的稳定性，测试项目是脉冲功率、峰值功率、平均功率与波峰系数等，测试地点为中国农业大学工学院。ZigBee 射频测试使用 Tektronix PSM4110 型微波射频功率计进行数据采集，数据处理使用 Tektronix USB Power Meter 应用软件完成。为获得稳定的电源供应，待测的 ZigBee 感知节点使用 Tektronix PWS4721 可编程电源进行 5 V 直流供电。对待测节点烧写 2475 MHz 频道的无线循环射频发射程序，将待测节点的射频天线端口与 PSM4110 的 SMC 接口通过 50 Ω 阻抗射频转接线连接，设置数据平滑宽度为 75，采样频率 2 μs，启动待测节点电源。ZigBee 物理层测试场景和结果如图 3-27 所示。

3 个 ZigBee 射频周期的原始采样数据如表 3-8 所示。从原始采样数据中，根据占空比可以判断射频空闲时段和射频发射时段。在射频空闲时段，脉冲功率约为 −65.0 dBm，峰值功率约为 −63.0 dBm，平均功率约为 −71.1 dBm，波峰因数为 8.0∼14.0 dB；在射频忙碌时段，脉冲功率约为 −8.6 dBm，峰值功率约为 −8.5 dBm，平均功率约为 −8.6 dBm，波峰因数为 0.06～0.07 dB，ZigBee 射频工作稳定。

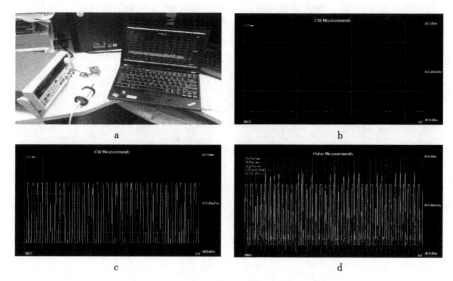

图 3-27　ZigBee 物理层测试场景和结果

表 3-8　3 个 ZigBee 射频周期的原始采样数据

序号	脉冲功率/dBm	峰值功率/dBm	平均功率/dBm	波峰因数/dB	占空比
1	−65.221	−63.089	−71.145	8.056	2.55%
2	−65.012	−62.759	−71.146	8.386	1.76%
3	−65.625	−63.496	−71.119	7.623	4.18%
4	−65.057	−62.94	−71.046	8.106	2.10%
5	−65.107	−62.842	−71.149	8.308	2.09%
6	−64.678	−62.371	−71.143	8.772	1.23%
7	−65.223	−62.902	−71.124	8.222	2.07%
8	−65.256	−63.113	−71.12	8.007	2.68%
9	−8.548	−8.484	−14.878	6.394	23.28%
10	−8.598	−8.535	−8.598	0.063	100.00%
11	−8.633	−8.573	−8.633	0.061	100.00%
12	−8.655	−8.598	−8.655	0.057	100.00%
13	2.545	3.967	−10.276	14.243	0.87%
14	−61.388	−59.764	−70.837	11.073	0.18%

续表

序号	脉冲功率/dBm	峰值功率/dBm	平均功率/dBm	波峰因数/dB	占空比
15	−65.694	−63.496	−71.149	7.652	3.71%
16	−65.248	−62.975	−71.211	8.236	1.91%
17	−65.293	−63.095	−71.139	8.045	2.73%
18	−65.354	−63.209	−71.169	7.96	2.88%
19	−8.585	−8.513	−8.585	0.072	100.00%
20	−8.629	−8.561	−8.629	0.068	100.00%
21	−8.654	−8.585	−8.654	0.069	100.00%
22	−65.426	−63.296	−71.127	7.831	2.76%
23	−65.405	−63.168	−71.155	7.987	2.89%
24	−65.338	−63.131	−71.084	7.953	2.88%
25	−64.945	−62.727	−71.149	8.422	1.85%
26	−65.333	−63.177	−71.159	7.982	2.71%
27	−8.567	−8.496	−10.674	2.178	61.56%
28	−8.615	−8.549	−8.615	0.066	100.00%
29	−8.645	−8.581	−8.645	0.065	100.00%
30	−8.669	−8.605	−8.669	0.063	100.00%

二、ZigBee MAC 层性能测试

ZigBee MAC 层性能测试的目的是检验感知节点与协调器在射频通信的 MAC 层的可靠性，测试项目是接收信号强度指标（Received Signal Strength Indicator，RSSI）和丢包率，测试地点为中国农业大学工学院广场。

ZigBee 的 MAC 帧存储了芯片寄存器中 RSSI 的原始值，经过偏移可转换为表征接收节点 RF 管脚的功耗的 RSSI 真实值（孙佩刚 等，2007）。计算公式如下：

$$RSSI = RSSI\_VAL + RSSI\_OFFSET, \qquad (3-1)$$

式中，$RSSI\_VAL$ 为 $RSSI$ 的原始值，dBm；$RSSI\_OFFSET$ 为偏移

量，dBm。

为减小单次测试误差的影响，以统计均值 μ_{RSSI} 对测量结果进行平滑。计算公式如下：

$$\mu_{RSSI} = \frac{1}{k} \sum_{i=1}^{k} RSSI_i , \qquad (3\text{-}2)$$

式中，k 为接收的 MAC 帧数量，个；$RSSI_i$ 为第 i 个 MAC 帧的 $RSSI$，dBm。

分别在 1 m、2 m、5 m、10 m、20 m、30 m、40 m、60 m 和 80 m 9 个距离对 11 个射频发射功率进行测试，每次测试发送 500（$k=500$）个长度为 30 Byte 的 MAC 帧，在接收端统计 μ_{RSSI} 和丢包率。测试信道为 2475 MHz，接收信号强度指标测试结果和丢包率测试结果分别如表 3-9 和表 3-10 所示。

表 3-9　接收信号强度指标测试结果

发射功率/dBm	距离/m								
	1	2	5	10	20	30	40	60	80
4.5	−51.5	−50.5	−71.4	−75.0	−85.2	−92.5	−92.9	−99.8	−98.6
2.5	−53.6	−53.0	−73.0	−76.7	−85.4	−93.2	−94.6	−99.7	−99.0
1	−54.8	−55.0	−76.6	−80.1	−90.0	−93.7	−97.0	−99.0	
−0.5	−55.6	−56.8	−78.4	−80.9	−92.0	−94.5	−97.6		
−1.5	−57.6	−57.9	−79.0	−81.4	−93.5	−98.0	−98.4		
−3	−60.6	−61.1	−80.0	−84.8	−92.8	−98.6	−99.3		
−6	−64.7	−65.0	−85.0	−88.2	−96.0	−99.7	−100.0		
−10	−66.1	−67.7	−88.6	−91.7	−99.2	−101.0			
−14	−71.1	−73.2	−93.0	−94.5	−100.7				
−18	−75.1	−77.8	−96.0	−97.8					
−22	−79.0	−89.0	−98.0	−100.1					

注：空白处因未收到数据帧，无法检测接收信号强度指标。

表 3-10　丢包率测试结果

发射功率/dBm	距离/m								
	1	2	5	10	20	30	40	60	80
4.5	0	0	0	0	0	4.8	4.4	71.2	77.4
2.5	0	0	0	0.4	0.2	4.6	5.4	97.0	96.8

续表

发射功率/dBm	距离/m								
	1	2	5	10	20	30	40	60	80
1	0	0	0	1.0	2.4	4.4	9.2	99.6	100.0
−0.5	0	0	0	1.6	1.8	4.6	26.0	100.0	100.0
−1.5	0	0	0	1.4	3.6	4.4	23.2	100.0	100.0
−3	0	0	0	5.4	3.6	8.4	62.8	100.0	100.0
−6	0	0	0	5.0	5.0	60.8	96.4	100.0	100.0
−10	0	0	0	5.6	54.0	99.8	100.0	100.0	100.0
−14	0	0	3.8	7.2	98.2	100.0	100.0	100.0	100.0
−18	0	0	3.8	6.4	100.0	100.0	100.0	100.0	100.0
−22	0	0.6	0	74.0	100.0	100.0	100.0	100.0	100.0

从测试结果可以看出，RSSI 的衰减随着发射功率降低、通信距离增加趋势明显。丢包率在 RSSI 接近 −100 dBm 时显著增加。在单跳 MAC 链路通信距离为 30 m 的范围内，射频发射功率在 −3 dBm 时，丢包率<8.4%，考虑到数据重传，该数据传输比较可靠；但 MAC 链路通信距离增加到 60 m 范围时，即使射频发射功率增加到 4.5 dBm，丢包率仍>70%。因此，为了提高链路可靠性、降低射频能耗，应合理选择射频功率。

三、系统网络层集成测试

系统网络层集成测试在中国农业大学工学院室内进行，依据 ZigBee 的 MAC 性能测试的结果，所选实验场所为 ZigBee 现场通信的理想条件。该项测试的目的是测试在多感知节点共同部署的供应链现场采集仿真情境下，感知节点、协调器、ARM 工控计算机和远程数据采集中间件协同工作的兼容性、稳定性和应用层数据通信的可靠性。测试指标是整条数据链路持续工作状态下的丢包率和节点的生命周期。

为感知节点和协调器分别烧写带有 SHT11 驱动的温湿度采集程序与 ZigBee 组网程序，设定采样中断的间隔为 53 s。在 11 个感知数据原型节点上，分别安装 1 个 SHT11 数字温湿度传感器和 1 组 1440 mW·h 电源

（2AA）。SHT11 传感器是 Sensirion（瑞士）公司生产的集成温度湿度传感器，通过 I2C 总线的双线接口（数据和时钟）与单片机通信，分辨率为0.01 ℃，精度为±0.4 ℃，工况为－40.0～123.8 ℃，电源适配 2.4～5.5 V 宽电压直流。

首先启动感知节点和协调器，并在 ARM 工控计算机上烧写中继软件，启动 RS-232 数据接收和 GPRS 数据发送线程。在部署了远程数据采集中间件和 Access 2007 桌面数据库管理系统的联想扬天 M400 台式计算机上启动数据采集中间件的 Socket 服务线程、帧解析线程和 ODBC 数据驱动线程。系统网络集成测试场景如图 3-28 所示。

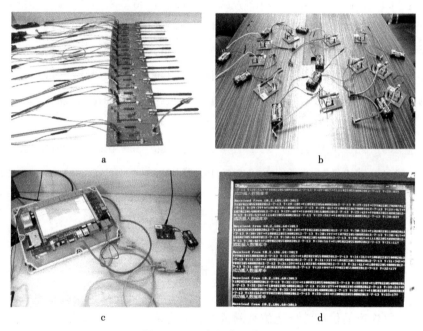

图 3-28　系统集成测试场景

实验结束后，在数据库中统计每个感知节点的工作起始时间、终止时间、生命周期与实际存储的数据帧数，与利用生命周期和采样间隔计算获得的理论帧数比较，获得该节点在全生命周期、全程数据链跨度内的丢包率。测试结果表明，11 个感知节点中，丢包率最高为 4.59%（99 号节点）、最低为 1.40%（106 号节点），丢包率的均值约为 3.58%，方差为 1.15%，系统集成的通信链路比较可靠；在 1440 mW·h 电池供电情况下，53 s 的采样周期感知节点的生命周期在 490 000 s 以内，数据帧发送数量为 9000 个左右，降低通信能耗、延长系统寿命是系统实用的重要前提。系统集成测试结果如表 3-11 所示。

表 3-11　系统集成测试结果

序号	节点号	起始时间	终止时间	生命周期/s	理论帧数/个	实际帧数/个	丢包率
1	97	2012/7/13 10：55	2012/7/15 9：26	167 473	3160	3076	2.65%
2	98	2012/7/13 4：59	2012/7/18 15：21	469 344	8856	8502	3.99%
3	99	2012/7/13 4：40	2012/7/18 14：38	467 883	8828	8423	4.59%
4	102	2012/7/13 5：12	2012/7/18 13：11	460 740	8693	8432	3.00%
5	104	2012/7/13 4：48	2012/7/18 19：37	485 375	9158	8773	4.20%
6	105	2012/7/13 5：03	2012/7/14 21：28	145 502	2745	2629	4.24%
7	106	2012/7/13 10：26	2012/7/15 17：52	199 575	3766	3713	1.40%
8	107	2012/7/13 4：28	2012/7/14 18：59	138 647	2616	2566	1.91%
9	108	2012/7/13 4：34	2012/7/18 19：38	486 241	9174	8798	4.10%
10	109	2012/7/13 4：36	2012/7/18 19：32	485 726	9165	8917	2.70%
11	111	2012/7/13 4：21	2012/7/18 19：23	486 100	9172	8794	4.12%
合计	—	—	—	3 992 606	75 332	72 623	3.58%

四、生鲜农产品供应链环境仿真测试

生鲜农产品供应链环境仿真测试的目的有两个：一是测试感知节点在生鲜农产品供应链特殊环境（温度、湿度交变与特殊气体）下工作的稳定性，二是测试感知节点作为数据采集的硬件平台与数字、模拟传感器的兼容性。该项测试在中国农业大学信息与电气工程学院进行。

生鲜农产品供应链内的温度、湿度交变环境由 TEMI-1880 温度交变实验箱（简称变温箱）模拟，特殊气体环境使用鲜食葡萄气调链常用的 SO_2 缓释保鲜剂制造。温湿度感知数据使用 SHT11 型数字式温湿度传感器采集，SO_2 浓度感知数据使用 MF-20 型三电极电化学 SO_2 传感器采集。MF-20 型传感器能以 0.4～2.0 V 直流电压信号线性表征 0～20 $\mu g/g$ 的 SO_2 气体浓度。生鲜农产品供应链仿真测试环境与 SHT11 型和 MF-20 型传感器分别如图 3-29 和图 3-30 所示。

图 3-29　生鲜农产品供应链仿真测试环境

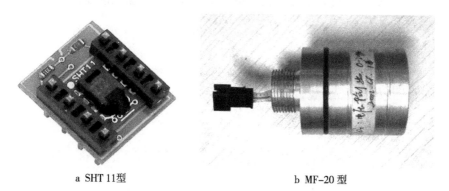

a SHT 11型　　　　　　　　　　　　　b MF-20 型

图 3-30　SHT11 型和 MF-20 型传感器

1.水产品冷链环境下的数字式传感器兼容性测试

为避免低温运行状态下水蒸气在感知节点的电路板冷凝，设置变温箱舱体内部温度为 60 ℃，干燥 60 min。将感知节点与 SHT11 型传感器设置采样间隔为 10 min，放入变温箱舱体内，在并放置石灰干燥剂，密闭舱门。设置变温箱舱体内部温度为－18 ℃，运行 12 h，模拟水产品冷链环境。感知数据经中继器汇聚，并上传到远程数据采集中间件上，由中间件调用数据库接口实时存储。从测试结果可以看出，温度数据点分布在（－18.25±0.06）℃区间内，在 12 h 时段内采样值未发生明显偏移，感知节点的工作可靠，采样温度与变温箱设定温度间的误差（0.25 ℃）小于 SHT11 型传感器的额定误差（0.4 ℃）。

2.鲜食葡萄常温链环境下的模拟传感器兼容性测试

将 2 kg 红提装入变温箱舱内，按照 1 包/500 g 额定用量放入 4 包 SO$_2$ 缓释保鲜剂，设定温度为 15 ℃，在模拟室温状态下，测试变温箱舱内的 SO$_2$ 浓度，采样间隔为 10 min。设置变温箱运行 24 h，共获得 146 组数据。测试结果表明，模拟信号连续变化过程中，SO$_2$ 感知数据的分辨率可达 0.02 µg/g 以内，且参数变化稳定，能够准确反映变温箱舱内的 SO$_2$ 浓度变化。

生鲜农产品供应链环境仿真测试表明，感知节点作为数据采集硬件平台，一是能够适应低温、特殊气体等生鲜农产品供应链保鲜工艺要求的特殊环境；二是能够与数字式和模拟式传感器兼容，平台的环境适应能力、硬件兼容能力均较强。感知节点采集的仿真供应链环境数据如图 3-31 所示。

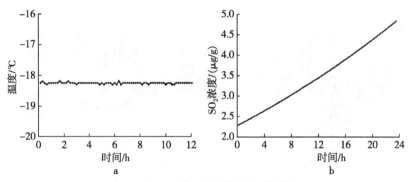

图 3-31　感知节点采集的仿真供应链环境数据

本章小结

针对现有可追溯系统手工数据录入效率低、劳动力成本高、错误率高和难以实现供应链全程数据感知的问题，本章从系统稳定性、低功耗和扩展性出发，设计了一套基于 WSN 生鲜农产品质量安全可追溯数据采集方法，开发了基于 CC2530 无线传感片上系统的生鲜农产品质量安全数据感知节点、由 ZigBee 协调器和 ARM 工控计算机组成的网关中继器和远程数据采集中间件的硬件和软件原型，实现了生鲜农产品质量安全感知数据的实时采集、传输，为农产品供应链质量安全监测和可追溯应用提供了数据源基础。

对 ZigBee 感知节点的物理层测试结果表明，在射频空闲时段，脉冲功率约为 −65.0 dBm，峰值功率约为 −63.0 dBm，平均功率约为 −71.1 dBm，波峰因数为 8.0～14.0 dB；在射频忙碌时段，脉冲功率约为 −8.6 dBm，峰值功率约为 −8.5 dBm，平均功率约为 −8.6 dBm，波峰因数为 0.06～0.07 dB，ZigBee 射频工作稳定。

对 ZigBee 感知节点的 MAC 层测试结果表明，在单跳 MAC 链路通信距离为 30 m 的范围内，射频发射功率在 −3 dBm 时，丢包率 <8.4%，考虑到数据重传，该数据传输比较可靠。为了提高链路可靠性、降低射频能耗，应合理选择射频功率。

系统网络集成测试表明，11 个感知节点中，丢包率最高为 4.59%，最低为 1.40%，丢包率的均值约为 3.58%，方差为 1.15%，系统集成的通信链路比较可靠；在 1440 mW·h 电源供电情况下，53 s 的采样周期感知节点的生命周期在 490 000 s 以内，数据帧发送数量为 9000 个左右，降低通信能耗、延长系统寿命是优化系统、投入使用的重要前提。

以水产品、鲜食葡萄为例的生鲜农产品供应链环境仿真测试结果表明，温度数据点分布在 (−18.25±0.06)℃ 区间内，在 12 h 时段内采样值未发生明显偏移，感知节点的工作可靠，采样温度与变温箱设定温度间的误差 (0.25 ℃) 小于 SHT11 传感器的额定误差 (0.4 ℃)；模拟信号连续变化过程中，SO_2 感知数据的分辨率可达 0.02 $\mu g/g$ 以内，且参数变化稳定。感知节点作为数据采集硬件平台，一是能够适应低温、特殊气体等生鲜农产品供应链保鲜工艺要求的特殊环境；二是能够与数字式和模拟式传感器兼容，平台的环境适应能力、硬件兼容能力均较强。

第四章　基于 WSN 的可追溯数据
多传感器集成方法

通过第二章的分析可以看出,导致生鲜农产品在供应链当中品质衰败的原因包括温度、湿度、特异的气体成分、机械振动和机械损伤等。并且,对绝大多数生鲜农产品而言,其品质往往是对一种以上的上述影响敏感,如香蕉等水果对乙烯气体、机械损伤敏感,而水产品和肉类则在高温和高氧浓度环境中加速腐败。因此,随着经济发展,在生鲜农产品供应链当中,越来越多的针对农产品腐败特性,综合用到多种保鲜方式,如冷链与气调保鲜的综合运用就比较普遍。这就需要在生鲜农产品供应链的质量安全追溯中,进行多传感器集成,同时对多种感知数据进行采集。

因此,在基于 WSN 的可追溯数据采集方法基础上,本章以鲜食葡萄冷链气调综合保鲜供应链为实例,依托上文所述的数据采集方法,进行多传感器集成方法的研究,解决生鲜农产品供应链综合保鲜手段运用环境下的多种感知数据采集问题。

第一节　生鲜农产品供应链感知参数需求分析
——以鲜食葡萄冷链气调综合保鲜供应链为例

一、供应链实地调研

为详尽了解我国葡萄供应链业务过程,针对不同形态供应链进行了实地调研,采用现有温度跟踪设备跟踪了冷链过程,结果如下。

1.辽宁葫芦岛南票区暖池产销合作社葡萄仓储过程

该调研重点对葡萄仓储过程进行实地了解和分析。暖池葡萄产销合作社共有两个冷库供葡萄预冷和仓储,每个冷库配备一台制冷设备。葡萄经过采摘和装箱之后,被送往冷库进行预冷及保鲜纸覆盖,预冷温度为－1℃,预冷时间为 12 h，经过预冷处理后的葡萄装车运输或者继续进行仓储。暖池葡萄产销合作社主要向北京地区批发商供应货物，故葡萄物流中的运输环节为短途运输，运输车内不再特意采取保温措施，直接运输至销售地区进行批发和零售。

2. 新疆博乐至广州的冷链物流运输

该供应链过程为长途冷链物流运输，葡萄品种为无核白葡萄，重量为 10 t，从新疆至广州单程运输里程为 4300 km。其中，该物流运输过程从葡萄采摘到零售各个环节持续时间如表 4-1 所示。

表 4-1　新疆博乐至广州葡萄冷链物流环节及持续时间

物流环节	责任人	持续时间/d
采收、分级、包装	农户	5
组货、预冷	农户、收购商、经纪人	4
冷藏运输	收购商	5
批发、零售	批发商、零售商	7

图 4-1 为新疆博乐至广州葡萄冷藏运输温度变化曲线。其中，AB 段为葡萄组货阶段，其温度变化主要受天气温度变化影响。经过组货的葡萄被放

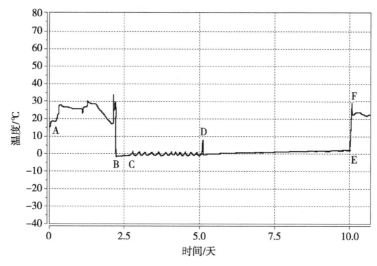

图 4-1　新疆博乐至广州葡萄冷藏运输温度变化曲线

置在冷库中进行预冷，预冷环节如图中 BC 段，预冷温度为 −2 ℃。葡萄在预冷后，在冷库内进行保鲜存储，如图中 CD 段所示，冷库在环境温度超过阈值时进行制冷，故温度曲线呈波动状态。图中 D 点为葡萄出库装车环节，而 DF 段则为葡萄冷藏运输阶段。F 点葡萄被卸载，从而进入到批发阶段。由图 4-1 可知，冷藏车厢在运输期间能够稳定地保持环境温度，利于葡萄在长期物流过程中的保鲜。在样本装箱期间，葡萄达到一级果标准，在运输过程结束（卸载时）后，冷藏运输的葡萄仍保持着优等品标准，未出现明显落粒、腐坏等症状。

3. 河北永清至北京的常温物流运输

该供应链中，葡萄品种为巨峰葡萄，重量为 10 t，河北永清至北京新发地的单程运输里程为 250 km。河北永清至北京新发地常温物流环节及持续时间如表 4-2 所示。

表 4-2　河北永清至北京新发地常温物流环节及持续时间

物流环节	责任人	持续时间
采收、分级、包装	农户	2 d
组货	农户、收购商	1 d
常温运输	收购商	6 h
批发、零售	批发商、零售商	4 d

图 4-2 为河北永清至北京葡萄常温运输温度变化曲线。其中，图中 AB 段为常温运输阶段，持续时间约 8 h。由图可知，在短途常温物流运输中，环境温度变化主要受天气温度变化影响，其葡萄保鲜过程主要依靠使用保鲜剂等保鲜技术来实现，因此，其温度变化曲线与冷链物流过程有很大不同。本调研样本葡萄在装箱时达到一级果标准，在运输结束后，样本葡萄仍保持优等品标准，出现腐坏等情况。

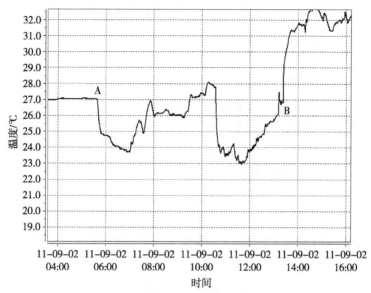

图 4-2　河北永清至北京葡萄常温运输温度变化曲线

二、鲜食葡萄供应链过程

根据现有文献及实地调研分析，鲜食葡萄供应链过程可分为如下 4 个过程。

1. 采摘/装箱阶段

用于贮藏的葡萄应在充分成熟时采摘，在不发生冻害的前提下可适当晚采，采前 7～10 天须停止灌水，使葡萄中含糖量增高。采收时应选择在早晨露水干后或天气干燥时的傍晚进行，避免雨后收获。采收过程中，如受到各种机械损伤和病虫伤的危害，则容易引起病原菌的侵入，以及贮运中大量腐烂。一般成熟后不落粒的品种，采收越晚耐贮藏性越强。

2. 预冷阶段

采收的葡萄，仍然是活体，在呼吸作用等代谢活动中要释放大量的热量，同时采收时气温较高，果穗自身也带有田间热，如果对葡萄进行采收后装箱装车运输，这热量会汇聚并且温度不断升高；若运输时间过长，再加上运输中的机械伤，将加大"受热"程度，使葡萄的耐贮藏性下降并且导致病害程度加重。因此，采收后采取及时预冷措施很有必要。

3. 冷藏阶段

温度是影响果实呼吸作用和酶活性的主要因素。研究表明，低温贮藏不仅能够有效地抑制浆果的呼吸作用，还能降低乙烯的生成量和释放量，抑制浆果内过氧化物酶的活性，维持超氧化物歧化酶（SOD）活性，在一定水平上可清除组织内产生的有害物质，同时可以抑制致病菌的生长繁殖，避免褐变腐烂，有利于葡萄的保鲜。

4. 冷链运输阶段

葡萄冷链物流的运输过程分为棉被保温式冷链运输和完整的自主制冷冷藏运输。棉被保温式冷链运输过程是在葡萄运输之前进行预冷，在运输过程中采用棉被包裹低温保冷方式，保温式预冷过程对前期制冷要求较为严格，只有在前期预冷充分的条件下，后期运输过程中才能保证车厢内温度升高过程缓慢。

棉被保温式冷链运输的主要过程包括原产地采收、分级、包装—田间到集货地的短倒—预冷—棉被保温运输—销售。棉被保温式冷链物流过程与监测环节如图 4-3 所示，该过程适用于运输周期不是很长（2～3 天）的冷链运输过程。

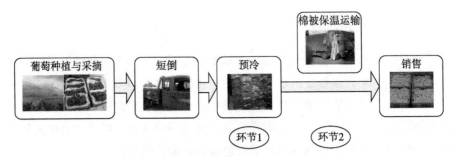

图 4-3　棉被保温式冷链物流过程与监测环节

与棉被保温式冷链运输过程类似，完整的自主制冷冷藏运输过程具体包括原产地采收、分级、包装—田间道集货地的短倒—预冷—冷藏车运输—销售。自主制冷式冷链物流过程与监测环节如图 4-4 所示，该过程适用于运输周期较长（3 天以上）的冷链物流过程。本书中鲜食葡萄供应链品质感知的主要对象即为图中环节 1 与环节 2 两个部分，这两个环节是鲜食葡萄保鲜的关键过程，对其环境参数的实时监测能够有效提高供应链管理水平和鲜食葡萄的品质。

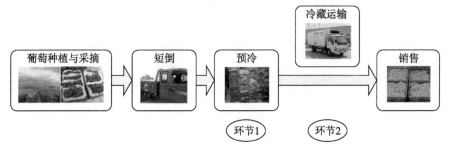

图 4-4　自主制冷式冷链物流过程与监测环节

三、葡萄冷链物流环境参数

1.贮藏环境对葡萄品质的影响

葡萄品质变化机制是整个项目研究的基础。从理论上讲，葡萄在物流过程中受到温湿度变化或机械损伤的影响，易发生腐烂变质，干梗、落粒；从文献上看，目前研究热点主要集中于葡萄采后品质变化机制，以及如何通过物理、化学等处理方法与贮藏技术抑制其腐败过程，进而研究开发新型的包装技术，最大限度地提高葡萄物流质量与安全。下面就从以下几个方面讨论葡萄采后的品质变化机制。

（1）葡萄采后呼吸作用的变化

葡萄浆果呼吸速率的变化规律是葡萄贮藏期间的主要生理指标之一。葡萄为非跃变型果实，在成熟过程中不出现呼吸跃变现象（蔚芹 等，1997），但穗轴和果梗的呼吸强度比果粒的呼吸强度高 10 倍以上，并形成呼吸高峰，为跃变型呼吸（周丽萍 等，1996）。25 ℃以下，采后整穗葡萄在贮藏期前60 天内，呼吸作用呈逐渐降低的趋势，60 天后虽略有升高，但基本保持平稳状态，没有出现呼吸高峰，表现为非跃变型（雯西姆·艾买提，1991）。无梗果粒在常温和低温下均为非跃变型呼吸，因此，整穗葡萄的呼吸强度主要取决于穗轴和果梗。实验表明，呼吸速率低的果实耐贮性较强，选用呼吸速率的晚熟品种，降低葡萄采后的呼吸强度，是提高葡萄贮藏品质和延长贮藏实践的关键。

（2）葡萄贮藏过程中激素的变化

葡萄果实的生长素、细胞分裂素、赤霉素含量随果实的成熟而逐渐下降。对于多数水果而言，乙烯促进了果实的成熟与衰老，它能够明显提高果实的呼吸强度，同时使果实中的维生素 C 和酸度下降、果实变软。乙烯还可以提高多酚氧化酶和过氧化酶的活性，引起果实褐变。而对葡萄采用过滤脱落进行的研究表明，葡萄果粒本身乙烯的释放量低于测定检出阈值，果穗乙烯主要来自于果梗（吴有梅 等，1992）。因此，有研究认为葡萄果实衰老过程可能与脱落酸的浓度有着密切关系。

（3）葡萄采后水分代谢的变化

葡萄果实表面无气孔，其呼吸和蒸腾作用主要是通过果梗进行的。研究表明，虽然果梗重量占葡萄果穗的 26％，但损失的水分却占葡萄整个果穗的 49％～66％（孙益知，1999）。葡萄贮藏中萎蔫、褐变和腐烂首先从果梗开始，果梗失去的营养和水分再从果粒得到补充。葡萄失水 3％～6％时，品质明显降低，使其表面皱缩、光泽消退、细胞空隙增多、组织变成海绵状，使正常的呼吸作用受到影响，促进酶活性，加快组织衰老。因此，葡萄贮运保鲜的关键在于抑制果梗和穗轴的呼吸速率，延迟呼吸高峰的到来，推迟果梗和穗轴的衰老。

（4）葡萄贮藏过程中褐变机制

葡萄果实褐变是其在逆境下对环境胁迫的一种病理反应。果实褐变主要是多酚氧化酶对酚类底物的氧化所引起。褐变程度和组织中多酚氧化酶活性和酚类物质含量呈显著正相关。由于葡萄中有机酸的降低会使 pH 值向碱性方向移动，从而诱发多酚氧化的活性（武杰，2009），因此，葡萄贮藏中有机酸的代谢也与果实的褐变有着密切关系。

（5）葡萄贮藏过程中脱粒机制

葡萄采后果粒脱落是贮藏过程中的常见现象，严重影响了葡萄的商品价值。以采后脱离现象比较严重的巨峰葡萄为例，其脱粒状况主要有 4 种类型：①由于果梗组织结构脆弱，易折断；②果刷纤细易从果粒脱出，脱粒后果柄端连有果刷；③由于果梗失水衰老，果粒和果柄间形成离层而脱粒，果刷全部留在浆果中；④由于微生物感染，穗梗、果梗腐烂造成的散穗和脱粒。

根据以上葡萄采后品质变化机制分析结果可以得出，影响葡萄采后品质变化机制的主要环境因素是温度、湿度和气体环境。根据实地调研与文献查阅结果，现就温湿度变化对葡萄品质影响做如下分析。

（1）温度是影响葡萄果实呼吸作用和酶活性的主要因素

研究表明，当葡萄的温度与环境温度一致并且该温度是葡萄贮藏的最适温度时，水分蒸发就趋于缓慢，从而保证了葡萄的贮藏品质。当温度升高时，酶活性就会增强，呼吸强度相应增大。低温贮藏不仅能有效地抑制浆果的呼吸作用，还能降低乙烯的生成和释放量（王春生 等，1991），抑制浆果内过氧化物酶的活性，维持超氧化物歧化酶活性，在一定水平上可清除组织内产生的有害物质，同时可以抑制病菌的生长繁殖，避免褐变腐烂，有利于葡萄的保鲜。随着贮藏温度的降低，葡萄的贮藏期延长，但超过葡萄的冰点则容易形成冻害。

（2）相对湿度

由于葡萄失水速度依赖于产品与周围环境的蒸汽压差。蒸汽压差大，水分损失增加，而这种压力差主要受温度和湿度的影响。在一定的温度和气流下，失水速率则决定于相对湿度。相对湿度越大，果粒、果梗就越新鲜。但相对湿度过大，会给病菌活动创造条件，导致腐烂。相对湿度越小，虽然可控制病菌的危害，但果粒和果梗易失水，形成果皮皱缩、果粒干枯。

根据以上分析结果，本书选取温度、相对湿度作为环境监测参数的一部分，对葡萄冷链物流环境中的温湿度变化进行实时监测，以达到保证葡萄产品品质、葡萄物流质量的目的。

2. 不同保鲜技术对葡萄品质的影响

研究表明，采后葡萄易存在病菌侵染病害及自身生理病害。引起葡萄采后贮运与销售过程中腐烂的常见病原菌有灰霉葡萄孢、根霉、黑曲霉、青霉、交链孢霉等。其中灰霉葡萄孢引起的灰霉病是对鲜食葡萄具有毁灭性的病害，由于该菌在低温条件下（−0.5 ℃）仍能生长繁殖，而葡萄对其的抵抗性较弱。因此，为延长葡萄的贮运期，除相应的温湿度条件控制外，还必须采取相应的保鲜防腐措施，抑制病菌生长，保证葡萄果实质量。

由上节分析可知，温度是影响葡萄贮藏的重要因素，因此采用低温贮藏时保证葡萄新鲜度的有效方法，冷藏也是普遍采用的保鲜技术之一。一般条件下，在冷藏的基础上，结合其他保鲜技术，能够有效增加保鲜质量，提高葡萄品质。不同保鲜技术的保鲜原理与优缺点如表 4-3 所示。

由表 4-3 可以看出，针对葡萄果实保鲜，国内外相关领域人员已经开发出多种多样的保鲜技术，这些保鲜技术采用不同的原理和方法，最终达到提高葡萄产品品质的目的。表 4-3 中所示的方法，有些处于研究开发阶段，有些则已经得到了广泛应用。在实际运用中，通常采用多种保鲜技术的结合，更加全面、高质量地实现保鲜目的。

在气体成分控制方面。O_2 浓度和 CO_2 浓度是影响果实呼吸强度和乙烯生成速度的主要因素，同时又影响果实释放的乙醛、乙醇、乙酸、乙酯等化学物质，也会使果实产生各种生理性病害，进而影响葡萄的保鲜效果和贮藏品质。通过文献分析，葡萄贮藏适应的气体环境为 2％的 O_2 含量和 3％的 CO_2 含量（刘敏 等，1993）。

结合实际调研结果，由表 4-3 分析可知，目前最常用的葡萄防腐保鲜方法为使用 SO_2 类保鲜剂来控制葡萄贮藏和运输过程中的 SO_2 含量，其具有成本低、效果好、使用简便等优点。因此，在葡萄贮藏和运输过程中，环境内 SO_2 含量也成为一个重要的监测指标。综合文献分析和实地调研结果，葡萄贮藏环境中的 SO_2 体积浓度通常控制在 $10 \sim 20 \ \mu L/L$ 范围内会比较安全，浓度过低达不到防腐目的，浓度过高除了会对葡萄产生药害、造成果皮漂白、果实产生异味、影响口感之外，SO_2 在果实中的残留转化成的亚硫酸盐还会对人体健康造成一定危害。

表 4-3　不同保鲜技术原理与优缺点

保鲜技术	保鲜原理	优缺点分析
涂膜保鲜	通过在果实表面涂上一层很薄的大分子膜，来阻止空气中氧气和微生物的进入，减少果品水分蒸发，有效抑制呼吸强度	该方法能够有效延缓葡萄的成熟和衰老过程，但涂膜过程较为烦琐
气调贮藏	主要分为气体控制和气体调节，气体控制是指调节环境中气体成分组成。一般是降低 O_2 浓度，提高 CO_2 浓度和 SO_2 浓度；气体调节则是利用透气性较高的薄膜包装果蔬，在包装容器内形成比较适宜的气体组成	通过气体成分组成控制，可以有效抑制葡萄呼吸作用，并达到防腐的目的
辐射贮藏保鲜	通过射线对果实进行照射，干扰其基础代谢过程，延缓果蔬的后熟和衰老，还可以减少病虫滋生和抑制微生物引起的果蔬腐烂	该方法应用具有一定局限性，且投入成本较高

保鲜技术	保鲜原理	优缺点分析
钙处理保鲜	钙处理可以增加果实钙含量，从而提高果实硬度和可溶性固形物含量，抑制果实内 VC 等物质的转化降解及果实内部褐变，提高果实的糖酸比，降低果实的游离果胶酸含量，减少果实膜透性变化	该方法在增强果实抗腐能力和耐贮性的同时，也提高了果实的品质质量，采前喷钙和采后渗钙以逐渐成为目前提高葡萄耐贮性的一项重要措施，其应用也逐步趋于广泛
喷雾保鲜剂	在葡萄采收前对葡萄产区果穗进行喷雾处理，使葡萄果实上附着大量致病菌在进去贮藏前失去生存能力，避免贮运过程中病害的发生	该方法处理过的葡萄果实，在食用前需要使用清水洗净
气体防腐	气体防腐保鲜主要是通过采用 SO_2 熏蒸法或者使用 SO_2 类保鲜剂来调节贮藏环境中的 SO_2 气体含量，以此达到保鲜的目的，SO_2 气体对葡萄上常见的致病真菌有强烈的抑制作用，同时还能抑制氧化酶的活性，降低呼吸速率，增强耐贮性，有效防止葡萄酶促褐变	该方法有效性高，其中 SO_2 类保鲜剂的使用更是目前最普遍采用的方法，具有广泛的市场使用率

3. 环境参数监测指标的综合分析

由前两小节分析结果，本书将葡萄贮藏环境中的温度、相对湿度及 SO_2 体积含量作为环境监测参数，对其实现实时监测，以达到全面、有效的监测目的。通过文献查询和调研结果分析，葡萄冷链物流过程中的温度、相对湿度和 SO_2 体积含量的理论范围和超标危害总结，环境参数监测指标综合分析如表 4-4 所示。

表 4-4　环境参数监测指标综合分析

监测指标	理论范围	超标危害
温度/℃	预冷：−2～−1 冷藏：0～1	过低：果实造成冻伤； 过高：呼吸作用增强，水分蒸发加剧，起不到保鲜目的

续表

监测指标	理论范围	超标危害
相对湿度/RH	90%~95%	过低：果实失水加剧，产生皱粒、干枯等 过高：细菌滋生严重，对果实造成危害
SO_2 体积含量/（μL/L）	10~20	过低：防腐效果不明显，葡萄产品耐贮性不能有效提高 过高：对果实和人体均造成一定的危害

综上所述，通过对实际葡萄供应链过程进行实地调研，比较葡萄常温物流过程和冷链物流过程中的温度变化，对葡萄冷链物流过程进行宏观把握和分析，选择以鲜食葡萄的冷链物流过程多传感器集成方法为研究背景，通过对葡萄冷链物流业务流程及葡萄品质变化机制的分析，对比多种葡萄保鲜技术，得到葡萄冷链物流过程中的环境参数需求，确定对冷链物流过程中的预冷和冷藏运输环节实施监测，确定感知参数为环境温度、湿度、SO_2 体积含量等指标。

第二节　多传感器集成方法硬件设计

本书在第三章基于 WSN 的可追溯感知数据采集方法设计基础上，仍以 CC2530 无线传感片上系统为硬件平台，进行多传感器集成方法设计。本章以商用 CC2530 ZigBee Development Kit（CC2530ZDK）作为硬件平台。CC2530ZDK 是基于 CC2530 主控芯片和 ZigBee 协议的开发套件，它由若干评估板（Evaluation Board，EB）、评估模块（Evaluation Module，EM）和电池板（Battery Board，BB）构成（图 4-5）。其中 EB 板的结构如图 4-5 所示，它具有 USB 高速下载的特点，并支持 IAR 集成环境开发，具有在线下载、调试、仿真功能，板载用户按键、LCD 液晶屏及内部温度传感器，不仅可以实现简单的 CC2530 开发，还可用于复杂的 ZigBee 无线网络搭建，灵活的配置和齐全的接口使用户可以根据需求外扩资源。

图 4-5　CC2530 ZigBee Development Kit 开发平台

一、温湿度传感器

温度传感器是最早开发应用的一类传感器，其应用已经遍布了众多场合。温度传感器主要有热电偶、热敏电阻、电阻温度检测器和 IC 温度传感器等 4 种，其发展大致经历了以下 3 个阶段：①传统的分立式温度传感器（含敏感元件）；②模拟集成温度传感器/控制器；③智能温度传感器。目前，国际上新型温度传感器正从模拟式向数字式，由集成化向智能化、网络化的方向发展，在测量范围、测量精度上都有了明显的进步。

在常规的环境参数中，湿度是最难准确测量的一个参数，用干湿球湿度计或毛发湿度计来测量湿度的方法，早已无法满足现代科技的需要。这是因为测量湿度要比测量温度要复杂得多，温度是独立的被测量，而湿度却受其他因素（如大气压强、温度）的影响。湿度传感器通常采用湿敏元件构成，湿敏元件主要有湿敏电容和湿敏电阻。湿敏电容根据环境湿度变化改变介电常数，湿敏电阻则是通过吸收空气水蒸气而改变其电阻值。湿度的计量数据为相对湿度（0~100％ RH）。

1. SHT11 型数字温湿度传感器

在采集型温湿度数据的传感器模块中，本书选用瑞士 Sensiron 公司生产的 SHT11 型数字温湿度传感器。SHT11 型数字温湿度传感器为具有二线串行接口的单片全校准数字式新型相对湿度和温度传感器，可用来测量相对湿度、温度和露点等参数。它具有数字式输出、免调试、免标定、免外围电路及全互换等特点。其基本电气特性如表 4-5 所示。

表 4-5　SHT11 型数字温湿度传感器电气特性

电气特性	参数
供电电压/V	2.4～5.5
供电电流/μA	平均 28
温度量程/℃	−40～124
相对湿度量程/RH	0～100%
测量精度	温度±0.4 ℃，相对湿度±3.0% RH

与传统温湿度传感器不同的是，SHT11 型数字温湿度传感器是基于 CMOSens 技术的新型智能温湿度传感器，它将温湿度传感器、信号放大调理、A/D 转换、二线串行接口全部集成于一个芯片内部，融合了 CMOS 芯片技术与传感器技术，具有品质卓越、超快响应、抗干扰能力强、性价比极高等优点。其实物引脚与内部结构框图分别如图 4-6 和图 4-7 所示。

图 4-6　SHT11 型数字温湿度传感器实物外部引脚

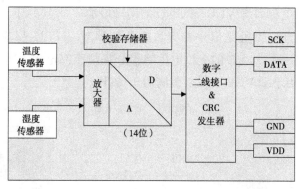

图 4-7 SHT11 型数字温湿度传感器内部结构框

在 SHT11 型数字温湿度传感器外部引脚图中，各引脚功能如表 4-6 所示。

表 4-6 SHT11 型数字温湿度传感器各引脚功能

引脚名称	功能
NC	不接入
GND	接地端
DATA	数据输出端
SCK	时钟控制输入端
VDD	供电输入端

有 SHT11 型数字温湿度传感器内部结构框图可知，其测量原理为：首先利用两只传感器分别产生相对湿度、温度信号，然后经过放大器放大，分别送至 A/D 转换器进行模数转换、校准和纠错，再通过二线串行接口将相对湿度及温度数据送至微控制器，最后利用微控制器完成分线性补偿和温度补偿。

2. SHT11 型数字温湿度传感器硬件电路

本书传感器通信节点控制模块选用基于 CC2530ZDK 开发平台的 CC2530EM 模块，SHT11 型温湿度传感器与 CC2530 处理器通信示意及实物连接如图 4-8 所示。SHT11 型采用两条串行线与处理器进行数据通信。SCK 数据线负责处理器和 SHT11 型的通信同步；DATA 三态门用于数据的读取。传感器上电后，要等待 11 ms 以越过"休眠"状态，在此期间无须发送任何命令。电源引脚 VDD 与 GND 之间可增加一个 100 nF 的电容，用以去耦滤波。另外，为避免信号冲突，微处理器对 SHT11 型应驱动在低电平，因此需要一个 10 kΩ 的上拉电阻将信号提拉至高电平。本书将 CC2530 的 P1.1 引脚用于 DATA，P1.0 引脚用于 SCK。

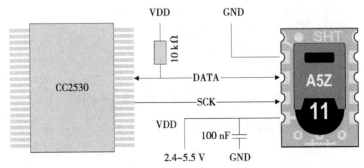

图 4-8　SHT11 型温湿度传感器与 CC2530 处理器通信示意及实物连接

二、SO$_2$ 传感器

随着生活水平的提高和对环保的日益重视，人们对各种有毒、有害气体的探测，对大气污染、工业废气的监测，以及对食品和人类居住环境质量的监测都提出了更高的要求，因此，作为感官或信号输入部分之一的气体传感器也得到了相应的发展。

从传感器类型来说，气体传感器可分为半导体气体传感器、电化学气体传感器、接触燃烧式气体传感器、光学式气体传感器及表面声波气体传感器等。

1. 电化学类气体传感器

电化学类气体传感器是依靠离子或质子来实现传导的一类传感器，传感器通过与被测气体发生反应并产生与气体浓度成正比的电信号来工作。电化学传感器包含以下几个主要元件。

（1）透气膜

透气膜也称为憎水膜，用于覆盖工作（传感）电极，在有些情况下用于控制到达电极表面的气体分子量。此类屏障通常采用低孔隙率特氟隆薄膜制成，这类传感器称为镀膜传感器。或者，也可以用高孔隙率特氟隆膜覆盖，而用毛管控制到达电极表面的气体分子量。此类传感器称为毛管型传感器。除为传感器提供机械性保护之外，薄膜还具有滤除不需要的粒子的功能。为传送正确的气体分子量，需要选择正确的薄膜及毛管的孔径尺寸。孔径尺寸应能够允许足量的气体分子到达传感电极。孔径尺寸还应该防止液态电解质泄漏或迅速燥结。

（2）电极

选择电极材料很重要。电极材料应该是一种催化材料，能够执行在长时间内执行电解反应。通常，电极采用贵金属制造，如铂或金，在催化后与气体分子发生有效反应。视传感器的设计而定，为完成电解反应，三种电极可以采用不同材料来制作。

（3）电解质

电解质必须有够促进电解反应，并有效地将离子电荷传送到电极。它还必须与参考电极形成稳定的参考电势并与传感器内使用的材料兼容。如果电解质蒸发过于迅速，传感器信号会减弱。

（4）过滤器

有时候传感器前方会安装洗涤式过滤器以滤除不需要的气体。过滤器的选择范围有限，每种过滤器均有不同的效率度数。活性炭可以滤除多数化学物质，但不能滤除一氧化碳。通过选择正确的滤材，电化学传感器对其目标气体可以具有更高的选择性。

2. 三电极系统

典型的电化学传感器由工作电极和反电极组成，并由一个薄电解层割开。当气体扩散进入传感器后，在工作电极表面进行氧化或还原反应，产生电流并通过外电路流经两个电极。该电流的大小比例于气体的浓度，可通过外围电路的负荷电阻予以测量。为了让反应能够发生，工作电极的电位必须保持在一个特定的范围内。但气体的浓度增加时，反应电流也增加，于是导致反电极电位的变化（即极化）。由于两电极系统是通过一个简单的负荷电阻连接起来的，虽然工作电极的电位也会随着反电极的电位一起变化，但随着气体的浓度不断地升高，工作电极的电位最终有可能溢出其允许范围。至此传感器输出结果将不成线性，因此，两电极传感器的监测上限浓度受到一定的限制。

同时，在实际测量中，由于电极表面连续发生电化反应，工作电极电势并不能保持恒定，在经过较长时间使用后，会导致传感器性能退化。为了改善这种状况，可以引进第三电极，即参考电极来解决。在包含参考电极的三电极系统中，工作电极曲线相对于参考电极保持一固定值。在参考电极无电流通过，因此这两个电极均维持在一恒定电位。反电极则仍然可以进行极化，但对传感器而言已经不产生任何限制作用。因此，三电极传感器所能检测到的气体浓度范围要比两电极大得多。大部分有毒气体传感器均属三电极系统。由于控制了工作电极的电位，恒电位电路还能提高传感器的选择性和改进其响应性能。这一电路同时也用来测量流过工作电极和反电极之间的电流。因此，电路也可以做成体积很小的低功耗装置。

电化学传感器的反应机制是气体扩散进入传感器在工作电极上发生反应，每一反应均可用准化学方程式的形式表示，就 SO_2 气体传感器而言，SO_2 气体在工作电极上的化学反应方程式为：

$$SO_2 + 2H_2O \longrightarrow H_2SO_4 + 2H^+ + 2e^-。 \tag{4-1}$$

而在反电极上发生的反应则正好与工作电极上的反应平衡。例如，工作电极上发生氧化反应，则反电极上就发生还原反应生成水。因此，这一反应的标准方程式可以写成：

$$O_2 + 4H^+ + 2e^- \Longleftrightarrow 2H_2O。 \tag{4-2}$$

这一总方程式说明传感器仅作为化学反应的催化剂，其本身并没有消耗。

鉴于电化学传感器和三电极系统的以上优点，根据葡萄冷链物流环境参数分析结果，本书选用瑞士 MEMBRAPOR 公司生产的 MF-20 型 SO_2 传感器进行相关实验。

3. MF-20 型 SO_2 传感器硬件电路设计

MF-20 型 SO_2 传感器是基于三电极系统的电化学 SO_2 传感器，其基本电气特性如表 4-7 所示。MF-20 型 SO_2 传感器实物封装如图 4-9 所示。

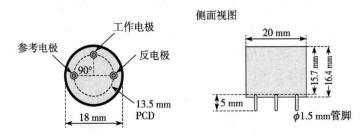

图 4-9　MF-20 型 SO_2 传感器实物封装

传感器内部加了一个内置的化学过滤器，用以消除气体样品中存在的一些其他气体的交叉干扰。每一个过滤器都设计使样品气体中的某些气体在其达到工作电极之前将其除去，这样一来就消除了某些特定气体的交叉干扰。

表 4-7　MF-20 传感器基本电气特性

电气特性	参数
监测范围/(μg/g)	0～20
最大量程/(μg/g)	100
输出信号/[nA/(μg/g)]	500±150
温度范围/℃	−20～50
湿度范围/RH	15%～90%
负载电阻/Ω	10
输出结果	线性输出

三电极系统标准工作电路如图 4-10 所示，在线路接通时，运算放大器 B 只能具有很小的失调电压（如<100 μV），否则运算放大器将会使传感器的工作电位严重偏置，致使其由短路状态达到稳定需要很长时间。运算放大器 A 起到信号放大和电流电压转换作用，其失调性能要求不严格，在本书

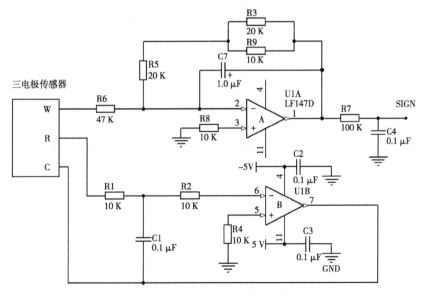

图 4-10　三电极系统标准工作电路

中，通过 B 及合适的负载电阻，将输出信号调节为标准的 0.4～2.0 V 信号，该范围线性对应 0～20 $\mu g/g$ 的 SO_2 气体浓度。

电解池的电流很快稳定，而反电极的极化相对较慢，因此，尽管传感器的信号已经稳定，但是反电极的电位仍然可能存在漂移。在实际测量中最大的反电极极化对参考电极而言有可能达到 300～400 mV。在实际操作中，为使传感器性能不受损害，需要将负载电阻（R_{load}）两端的压降限制在 10 mV 以下，这样还能保证响应更加快速。

为了维持传感器总处在"预备工作"状态，一般情况下三电极系统传感器在不工作时工作电极和参考电极两端总是短路连接。在传感器存储时安装好短路电路，只有在即将使用时方可取去。当模块断电后两电极重新短路，以备下次使用时传感器能够快速启动。为实现此目的，可用结场效应管连接两电极，保证电路断路时两电极能够保持短路。

SO_2 传感器模块与 CC2530 模块通信电路如图 4-11 所示，为避免湿度影响传感器寿命，以及为达到防水汽冷凝、防尘作用，传感器及外围电路采用压铸铝封装，透气性材料为钢网。VCC 为外接 5 V 电源，用于传感器及外围电路供电。模块 SIGN 端为电压信号输出端，与 CC2530 的 P0.0 端连接。

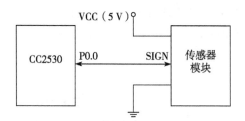

图 4-11　SO_2 传感器模块与 CC2530 模块通信电路

第三节　多传感器集成方法软件设计

一、温湿度传感器模块软件设计

SHT11 型温湿度传感器采用类似兼容 I2C 总线的方式和处理器通信。数据通过 DATA 线直接读取。首先用一组启动传输时序对数据传输进行初始化，它包括当 SCK 时钟高电平时 DATA 翻转为低电平，紧接着 SCK 变为低电平，随后是在 SCK 时钟高电平时 DATA 翻转为高电平。SHT11 型温湿度传感器启动传输时序如图 4-12 所示。

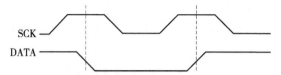

图 4-12　SHT11 型温湿度传感器启动传输时序

　　然后发送一组测试命令，包含 3 个地址位（"000"），以及 5 个命令位。SHT11 型温湿度传感器会以下述方式表示已正确地接受命令：在第 8 个 SCK 时钟下降沿之后，将 DATA 下拉至低电平（ACK 位），在第 9 个 SCK 时钟的下降沿之后，释放 DATA（恢复高电平）。

　　SHT11 型温湿度传感器相对湿度的测量时序如图 4-13 所示。首先，发送一组测量命令（'00101'表示相对湿度，'00011'表示温度），控制器等待测量结束。SHT11 温湿度传感器通过下拉 DATA 至低电平并进入空闲模式，结束测量。控制器在再次出发 SCK 时钟前，必须等待"数据备妥"信号来读出数据。接着传输 2 个字节的测量数据和 1 个字节的 CRC 奇偶校验数据。通过下拉 DATA 为低电平，以确认每个字节。通过 CRC 数据确认位证明通信结束。在测量和通信结束后，SHT11 自动转入休眠模式。

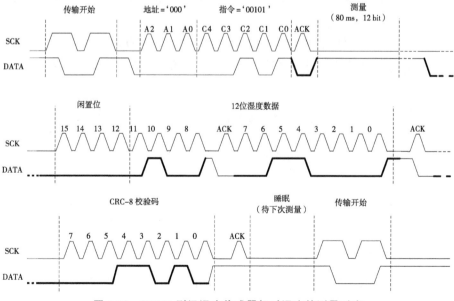

图 4-13　SHT11 型温湿度传感器相对湿度的测量时序

针对输出数据的校正和补偿，分别从以下几个方面阐述。

1. 相对湿度的修正

为了补偿湿度传感器的非线性以获取准确数据，采用式（4-3）对输出数值进行修正：

$$RH_{\text{linear}} = c_1 + c_2 SO_{\text{RH}} + c_3 SO_{\text{RH}}^2。 \tag{4-3}$$

式中，RH_{linear} 为修正后的线性输出值，SO_{RH} 为传感器相对湿度输出数值，c_1、c_2、c_3 为湿度转换系数，其对应值如表 4-8 所示。

表 4-8 湿度转换系数

参数	SO_{RH}/bit	c_1	c_2	c_3
对应值	12	-4	0.0405	-2.8×10^{-6}
	8	-4	0.648	-7.2×10^{-4}

对于高于 99%RH 的测量值则表示空气已经完全饱和，必须被处理成显示值均为 100%RH，湿度传感器对电压基本上没有依赖性。

2. 相对湿度的温度补偿

当实际测量温度与 25 ℃相差较大时，须考虑湿度传感器的温度修正系数：

$$RH_{\text{true}} = (T - 25) \times (t_1 + t_2 SO_{\text{RH}}) + RH_{\text{linear}}。 \tag{4-4}$$

式中，RH_{true} 为修正后的湿度输出值，t_1、t_2 为温度补偿系数，其对应值如表 4-9 所示。

表 4-9 温度补偿系数对应值

参数	SO_{RH}/bit	t_1	t_2
对应值	12	0.01	0.0008
	8	0.01	0.001 28

3. 温度值的修正

由于温度传感器具有极好的线性，使用式（4-5）即可将数字输出转换为温度值：

$$T = d_1 + d_2 SO_T \tag{4-5}$$

式中，T 为修正后的温度值，SO_T 为传感器的数字输出，d_1、d_2 为温度转换系数，其对应值如表 4-10 所示。

表 4-10　温度转换系数

参数	$d_1/℃$	$d'_1/℉$	SO_T/bit	d_2	d'_2
	−40.00	−40.00	14	0.01	0.018
	−39.75	−39.55	12	0.04	0.072
对应值	−39.66	−39.39			
	−39.60	−39.28			
	−39.55	−39.19			

然而在极端工作条件下测量温度时，为了获得高精度的测量结果，则需要使用进一步的补偿算法予以修正，在此本书不再赘述。

二、SO_2 传感器模块软件设计

通过对相应负载电阻值的调节，以及对气体传感器标定，SO_2 传感器输出信号设定为 0.4~2.0 V 电压值，线性对应于 0~20 μg/g 气体浓度测量范围。模拟数据通过 CC2530 芯片 AD 转换，处理为数字变量。SO_2 数据采集模块程序流程如图 4-14 所示。

CC2530 的 ADC 在 P0 端，分别对应 AIN0~AIN7，分为单端输入和差分输入，本书选用 P0.0 端口最为信号输入端，采用单端输入模式。在该模式下，传感器模块负极连到 CC2530 的 GND 上，且为保证参考电压不低于输入电压（最高为 2 V），参考电压选用 3 V 外部稳定电源。

在图 4-14 中，初始化过程主要是寄存器的配置和输入通道的设置。为了达到连续转换的目的，需要对控制寄存器 ADCCON1、ADCCON2、AD-CCON3 进行分别配置。其中 ADCCON1 负责 AD 功能的启动和完成；AD-CCON2 负责参考电压的选择、AD 采样率的选取及通道选择；ADCCON3 负责控制中断产生的方式。

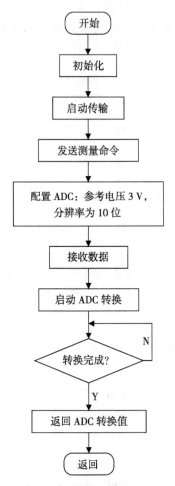

图 4-14 SO₂ 传感器模块程序流程

对应不同的采样率，ADC 实现不同的采样精度。其输入信号的实际电压计算如式（4-6）：

$$U = U_{ADC} \times \frac{U'}{2^n} \tag{4-6}$$

式中，U 为实际电压，U_{ADC} 为读取值，U' 为参考电压，n 为位数（本书选10 位，即 $n=10$）。

综上所述，本书在鲜食葡萄供应链环境参数分析的基础上，针对环境感知参数，对传感器进行选型并对多传感器集成节点进行了模块化设计和实现。本书选用 CC2530 微处理器作为主控芯片，以 ZigBee 协议为通信协议，通过 IAR Embedded Workbench 集成环境进行软件开发，分别对温湿度传感器模块和 SO₂ 传感器模块进行了硬件和软件设计与实现。本节选用 SHT11 数字温湿度传感器设计温湿度传感器模块，实现了 SHT11 与 CC2530 微处理器的数据采集与通信功能。选用 MF-20 型电化学 SO₂ 传感器设计 SO₂ 传感器模块，实现 SO₂ 传感器模拟信号输出的 AD 转换及与 CC2530 微处理器的通信功能。

第四节　多传感器集成方法测试与优化

一、传输性能测试

系统传输性能测试主要是针对节点之间的"误包率"（Packet Error Rate）测试，本测试以两个节点之间数据传输为例，将其中一个节点设为发送器，另一个设为接收器，实现单向 RF 连接。在节点数据发送之前，对传输频率、发送器输出功率、发送数据包个数、发射速率等参数进行设置（表 4-11）。测试完毕时，由液晶屏显示误包率和接收信号强度（RSSI）（图 4-15）。

表 4-11　发送参数

发送参数	发送功率/dBm	数据包数/个	发送速率/（个/s）
数值	0	1000	50

该测试的数据丢包个数是通过计算数据包序号的不连续性得到的，由两个数据包序号的间隔来计算丢包个数。误包率值的计算公式如下：

$$R = 1000R_1 | (R_1 + R_c) \qquad (5\text{-}7)$$

其中，R 为误包率，变量 R_1 为丢失数据包个数，变量 R_c 为成功接收到的数据包个数。RSSI 值包含于数据包字节中，通过一定的偏移校正得到相应的 RSSI 值，程序制定用 32 个 RSSI 平均值作为液晶屏幕显示结果。

测试主界面

发送端

接收端

结果显示

图 4-15　节点之间传输误包率测试

针对实际物流情况，本测试分为如下几个方面分别进行传输性能测试。

①室内有障碍且障碍为混凝土墙（厚度约 40 cm）的情况，间隔混凝土墙条件下节点通信性能测试结果如表 4-12 所示。由表 4-12 可知，在存在混凝土墙的情况下，节点传输性能偏低，在相距 5 m 以上的情况下，误包率大于 10%。

表 4-12　间隔混凝土墙条件下节点通信性能测试结果

测试序号	测试距离/m	误包率	RSSI/dBm
1	2	3.2%	−74
2	3	6.4%	−80
3	4	7.7%	−83
4	5	9.3%	−80
5	7	>10%	−86
6	10	>20%	−88

②室内有障碍且障碍为隔板墙（厚度约 30 cm）的情况，测试结果如表 4-13 所示。由表 4-13 可知，相比混凝土墙作为障碍物，节点传输效果有所提高，在 12 m 范围内，误包率能够控制在 10% 以内；当距离超过 12 m 时，误包率超过 10%；当距离超过 20 m 时，误包率超过 30%。

③室内无障碍的情况,实现地点选择在建筑物无障碍走廊,测试结果如表 4-14 所示。由表 4-14 可知,在无障碍物存在的室内,节点间传输性能良好,数据包能够准确有效地交换,有效传输距离(误包率小于 10%)可达到 50 m 左右。

表 4-13 间隔隔板墙条件下节点通信性能测试结果

测试序号	测试距离/m	误包率	RSSI/dBm
1	5	0	-80
2	7	1.8%	-72
3	10	7.0%	-83
4	12	10%	-79
5	15	>10%	-87
6	20	>30%	-89

表 4-14 无障碍条件下节点通信性能测试结果

测试序号	测试距离/m	误包率	RSSI/dBm
1	15	0	-67
2	20	2.3%	-72
3	30	4.5%	-78
4	40	7.8%	-84
5	50	9.6%	-87
6	55	>10%	-89
7	60	>20%	-91

3 种测试环境传输误包率结果对比如图 4-16 所示。

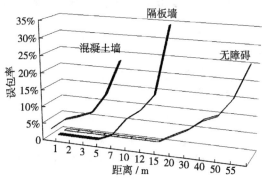

图 4-16 3 种测试环境传输误包率结果对比

二、系统耗电测试

针对系统中的传感器节点，温湿度模块与处理器模块采用同一电源供电，均为 3 V 干电池（2AA），SO_2 传感器模块采用 4.5 V 干电池（3AA）供电。在室温条件下，温湿度模块与处理器模块的电源（2AA 干电池）电压变化趋势如图 4-17 所示，横坐标为使用小时数，纵坐标为供电电压，由于 SHT11 传感器的最低工作电压为 2.4 V，低于 2.4 V 情况下所测得数据严重偏离真实值，因此，本测试选取干电池电压 2.4 V 作为临界条件，对电池使用寿命进行测试。由图 4-17 可知，在室温条件下，该供电模块的有效工作时间约为 100 h（约 4 天）。

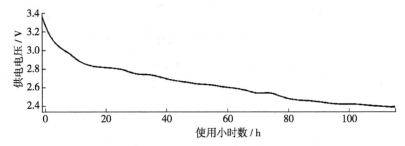

图 4-17　室温条件下 2AA 干电池电压变化趋势

室温条件下 3AA 干电池电压变化趋势如图 4-18 所示，其可用有效时间为 26 h 左右，26 h 后，电池电压降至 3.2 V 左右，SO_2 传感器模块不能正常工作。因而，采用干电池对 SO_2 传感器模块进行供电，增加了频繁更换电池的麻烦，给监测带来不便，因此在模拟系统测试中，SO_2 传感器模块采用变压器通过对 220 V 交流电进行变压，转为 5 V 直流电压进行供电。

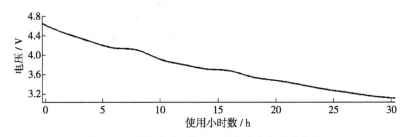

图 4-18　室温条件下 3AA 干电池电压变化趋势

此外，电池耗电情况还受到温度情况的影响，当温度较低的情况下，电池耗电速度加快。本书针对 0 ℃和 25 ℃情况下分别对 2AA 电池和 3AA 电池进行使用寿命测试，在 25 ℃条件下，2AA 电池寿命可达 100 h 以上，而随着温度降低，电池寿命缩短，在 0 ℃条件下，2AA 电池寿命约为 50 h。3AA 电池在 25 ℃条件下寿命约为 30 h，而在 0 ℃条件下其寿命约为 21 h。综上所述，根据本节测试结果可知，本测试所用 2AA 和 3AA 电池供电，基本满足测试需求，但在实际运用中仍存在频繁更换电池的难题，因此，如果寻求更有效、更持久的供电方式，是本系统进一步研究中需要解决的重点问题。

三、恒温条件下系统性能测试

本书选用国家农产品保鲜工程技术研究中心（天津）生产的 SO_2 类保鲜剂作为存储环境中的 SO_2 气体释放源，该保鲜剂是采用焦硫酸钠和焦硫酸钾与缓蚀剂、黏合剂等高分子化合物经过科学配比、融合、压片制成的保鲜剂。在初始相对湿度均为 30％的条件下，对 25 ℃、15 ℃和 0 ℃ 3 个温度的恒温条件下，对封闭空间内 SO_2 释放情况进行 24 h 监测。其中，差异性温度由高低温交变实验箱调节，并通过保持 3 次测试空间不变来保持相同的相对湿度。数据采集频率设置为每 10 min 采集一次。

针对数据采集结果，本书使用 Matlab 软件进行图形绘制和曲线拟合。Matlab 软件强大的数据处理功能，使用户能够方便、快捷、直观进行批量数据处理分析。其中，25 ℃条件下 SO_2 体积含量原始数据及拟合曲线如图 4-19 所示，拟合曲线为 7 阶多项式，25 ℃条件下拟合曲线参数如图 4-20 所示，其数据拟合度（R^2）为 0.9934，均方根误差（MSE）为 0.003 315。

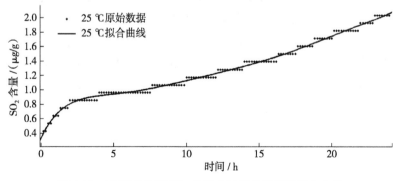

图 4-19　25 ℃条件下 SO_2 体积含量原始数据及拟合曲线

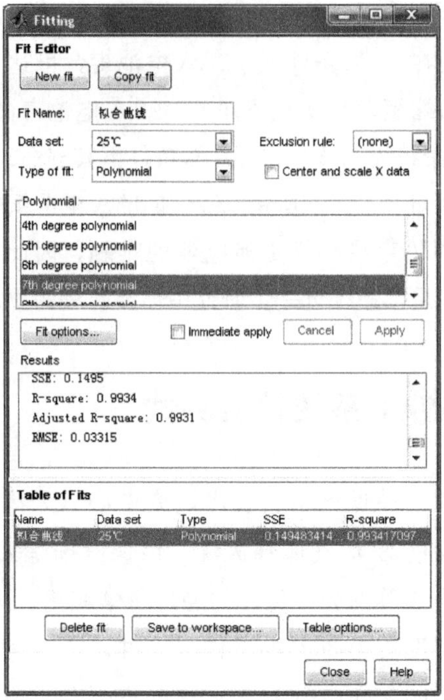

图 4-20　25 ℃条件下拟合曲线参数

在 25 ℃恒温 24 h 条件下，测试温度、相对湿度及 SO_2 体积含量的趋势如图 4-21 所示。由图 4-21 可以看出，通过变温箱的温度调节作用，温度能够很好地稳定在 25 ℃。由于空间密闭，且没有采取加湿措施，因此空间内相对湿度随着水分的蒸发而逐渐降低。空间内 SO_2 气体随着时间的增长缓慢释放，其体积含量逐渐升高，增长速度逐步趋于平缓。

采取同样方式对 15 ℃和 0 ℃监测曲线进行数据拟合（25 ℃、0 ℃数据为 7 阶多项式拟合，15 ℃数据为 6 阶多项式拟合），并生成 3 种温度状态下的 SO_2 体积含量变化曲线，不同温度条件下 SO_2 释放速率对比如图 4-22 所示。由图 4-22 可以看出，随着温度的升高，SO_2 气体的释放速率明显增强。在 15 ℃和 0 ℃条件下，空间内 SO_2 含量相差不太明显，但在 15 ℃情况下气体含量具有更高的增长速率。该测试结果符合实践经验，并对 SO_2 类保鲜剂的用量控制具有指导作用。

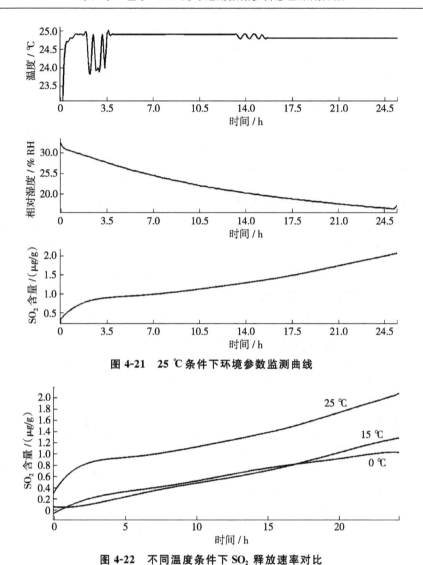

图 4-21 25 ℃条件下环境参数监测曲线

图 4-22 不同温度条件下 SO₂ 释放速率对比

四、模拟冷链条件下系统性能测试

本测试运用实验室环境模拟实际葡萄冷链物流过程（图 4-23），具体为短倒、预冷、冷藏运输和运输到达环节。针对该过程，本书设计如表 4-15所示系统模拟冷链物流测试方案：按时间序列的测试时间和环境设置。

表 4-15　系统模拟冷链物流测试方案

测试序号	模拟对象	测试时间/h	环境设置
1	短倒	2	室温，封闭空间
2	预冷	12	−2 ℃，封闭空间
3	装车、冷藏运输	120	0 ℃，封闭空间
4	卸货	2	室温，非封闭空间

其他参数设置：葡萄品种及用量为进口红提 2 kg；空间体积约 0.4 m³；保鲜剂用量为 4 包（对应 2000 g 葡萄用量）；采集频率为每 20 min 一次。同时，该测试通过在空间内均匀洒水等方式增加环境相对湿度，以接近于葡萄实际存储环境。通过连续 136 h 的模拟监测实验，共得到 524 组数据，通过剔除无效数据及有效数据修正等操作，得到 408 组原始监测数据如图 4-23 所示。图中横坐标为数据的序列号（最大值为 408），纵坐标分别对应环境温度/℃、相对湿度（％ RH）和 SO_2 含量（$\mu g/g$）。

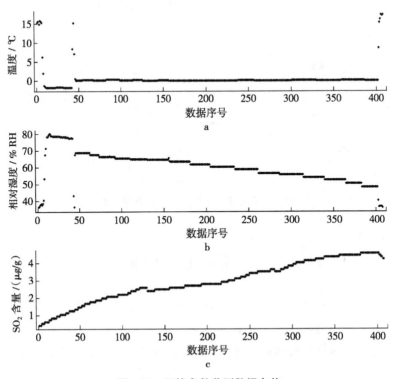

图 4-23　环境参数监测数据点状

对图 4-23 中的监测数据进行平滑得到如图 4-24 所示的变化曲线。由图 4-24 可知，①该多传感器集成方法测得的温度、相对湿度、SO_2 含量等参数能够稳定、准确地反映存储环境参数变化过程，其数据精度和稳定性均符合设计要求。②在"冷藏运输"期间，环境相对湿度随着时间缓慢下降，具体下降速率与存储环境及采取的相应措施相关；在实验室模拟冷链条件下，环境相对湿度很难达到理想状态要求（90%～95% RH），在为期约 6 天的模拟测试后，测试用葡萄出现轻微的皱粒现象，口感略微下降。③由于 MF-20 SO_2 传感器由压铸铝和钢网封装，环境内气体向传感器扩散比较缓慢，因此 SO_2 含量监测数据变化比较稳定缓慢，在不影响灵敏度的情况下，能有效滤除非正常突变数据。环境内 SO_2 含量总体呈现非线性增加状态，空间是否密闭对 SO_2 含量影响较大。④在供电方面，温湿度传感器及微处理器模块由 3 V 干电池供电，在实验进行到第 3 天时，电源电压低于 2.4 V，低电压导致温湿度数据偏差。

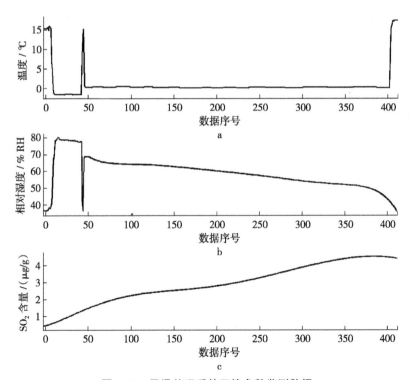

图 4-24 平滑处理后的环境参数监测数据

本章小结

    本章以鲜食葡萄供应链为例，通过生鲜农产品供应链感知参数需求分析、多传感器集成方法硬件和软件设计、多传感器集成方法测试等过程，阐述了基于 WSN 的可追溯数据多传感器集成方法。通过测试结果，得出相应结论，并针对测试过程中存在的问题，提出了相应的解决办法。针对感知数据采集、传输过程中能耗高导致的节点寿命低的问题，本书在基于 SPC 的可追溯数据时域压缩方法中给予解决。

第 三 篇

信 息 工 程

第五章　基于 SPC 的可追溯感知数据时域压缩方法

　　基于 WSN 的可追溯感知数据采集方法表明，降低通信能耗、延长系统生命周期是优化系统、实现实用的重要前提。WSN 感知节点能量受限，而据统计节点能量的 80％以上由射频收发所消耗（Estrin，2002）。因此，利用节点的有限计算能力压缩感知数据，减少射频工作，预期能够延长系统生命周期（王继良 等，2011）。由于浮点计算能力和存储能力均受限，适用于 WSN 感知节点上的数据压缩算法是当前的研究热点。传统面向数据本身的算法（刘少强 等，2009；尹震宇 等，2009；范祥辉 等，2010）往往从采样序列时域、频域特征或路由协议的能耗平衡角度出发，并未针对领域应用中的数据分布特点，算法较复杂，甚至会导致压缩耗能现象。

　　感知时域数据压缩的目的是消除感知数据时间序列中的信息冗余，因此，识别信息冗余成为感知数据时域压缩的前提。本章首先采用 EViews 8.0，利用 ADF 检验方法，对感知数据时间序列进行单位根检验，判断感知数据时间序列的平稳性特征；进而对表征感知数据时间序列信息量的微分熵进行测度，实现感知数据时域压缩算法的有的放矢；进一步，以统计过程控制原理为基础，选取适宜的判异准则，改进现有的控制图，设计一种面向感知数据时间序列特征、面向领域的高效时域数据压缩方法，并对压缩算法进行静态性能和动态性能的分析，达到延长系统生命周期、提高感知数据采集可靠性的目的。

第一节　感知数据时域压缩的特征分析

一、感知数据时间序列的平稳性分析

生鲜农产品在现实供应链中，不能时刻处于理想的温度、湿度、振动和

气体氛围等条件下，一定范围的环境波动难以避免（刘璐 等，2010），这是由供应链的技术保障能力、管理水平和环境因素等共同决定的。本节以河北怀来至北京的鲜食葡萄常温物流全程温度感知数据为例，对感知数据时间序列的平稳性进行分析。数据采集时间为 2011 年 8 月 27 日 10：00—13：30，采样间隔为 20 s，共采集温度数据 632 个。原始感知数据的分布如图 5-1 所示。

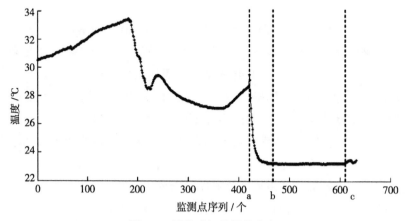

图 5-1　原始感知数据的分布

对于一个时间序列 X_t，如果存在均值 $E(X_t) = \mu < \infty$ 且不随时间变化，方差 $\mathrm{var}(X_t) = \sigma^2 < \infty$，协方差 $\gamma_k = \sigma_k^2 < \infty$ 的大小只与 k 的取值相关，而与 t 无关，则称 X_t 为平稳时间序列，反之称为非平稳时间序列。通过图形可以看出，在原始感知数据的分布中，（a，b）区间的感知数据具有明显的下降趋势，应当属于非平稳时间序列数据；而（b，c）区间的感知数据则保持稳定，应当属于平稳时间序列数据。为验证判断，应用 EViews 8.0 软件，通过 ADF 检验（Augment Dickey-Fuller test），分别对原始感知数据序列按（a，b）区间（共 38 个感知数据）和（b，c）区间（共 164 个感知数据）划分的 2 个子序列进行单位根检验（unit root test），感知数据时间序列的单位根检验结果如图 5-2 所示。

由检验结果可以看出，对第 1 个子序列（a，b）区间，t 统计量为 −0.351 963，大于 5% 的显著性水平下的临界值（−1.952 066）。因此，不能拒绝有单位根的原假设，第 1 个子序列为非平稳时间序列；对第 2 个子序列（b，c）区间，t 统计量为 −3.557 930，小于 5% 的显著性水平下的临界值（−3.440 471）。因此，在 5% 的显著性水平下，应当拒绝有单位根的

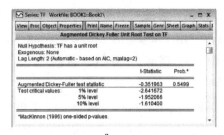

图 5-2　感知数据时间序列的单位根检验结果

原假设，判断第 2 个子序列为平稳时间序列。

　　由此可知，生鲜农产品质量安全可追溯系统通过传感器获得的感知数据时间序列，一般是由平稳时间序列和非平稳时间序列依时序排列而成的随机时间序列。宏观上，感知数据的变化趋势主要呈现两种状态的随机交替，用感知数据时间序列的有限状态机模型如图 5-3 所示。在一个可靠的生鲜农产品供应链中，感知数据平稳时间序列的时间占比应当远远大于非平稳时间序列的时间占比。

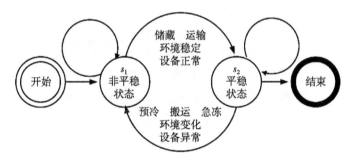

图 5-3　感知数据时间序列的有限状态机模型

二、感知数据时间序列的微分熵测度

　　感知数据采样序列是离散时间序列，这是因为无论将传感器的采样率设定为多高，都不可能实现采样过程绝对不间断，这既不经济，也不现实。然而，感知数据采样序列所表征的是生鲜农产品供应链环境信息的连续变化，因此，应当使用连续信源的信息熵（即微分熵）测度方法，对感知数据采样序列进行信息熵的测度。

　　由上述测试可知，感知数据的采样序列是由平稳时间序列和非平稳时间序列依时序排列而成的随机时间序列，因此，通过对感知数据采样序列进行分段拟合，获得近似表示的连续信源。使用 Matlab 的 Curve Fitting Tool (CFTool) 曲线回归工具箱，分别对（a，b）区间、（b，c）区间 2 个子序列进行多项式回归。

非平稳时间序列（a，b）的拟合结果为 $y_f = 1.102 \times 10^{-5} \cdot x^4 - 1.064 \times 10^{-3} \cdot x^3 + 3.862 \times 10^{-2} \cdot x^2 - 6.442 \times 10^{-1} \cdot x + 27.66$，SSE $= 0.03954$，$R^2 = 0.9988$。非平稳时间序列（a，b）的拟合结果如图 5-4 所示。

平稳时间序列（b，c）的拟合结果为 $y_s = 2.371 \times 10^{-4} \cdot x + 23.21$，SSE $= 0.113$，$R^2 = 0.9627$。平稳时间序列（b，c）的拟合结果如图 5-5 所示。

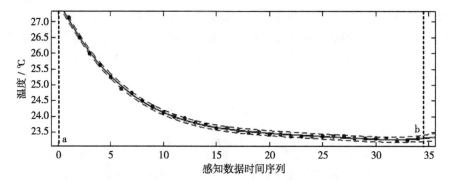

图 5-4　感知数据非平稳时间序列的拟合结果

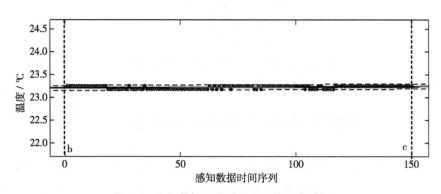

图 5-5　感知数据平稳时间序列的拟合结果

使用连续基本信源的信息熵计算方法，在（a，b）区间对 y_f 计算信息熵，在（b，c）区间对 y_s 计算信息熵。由于连续基本信源的输出是取值连续的单个随机变量，其数学模型为

$$X = \begin{bmatrix} R \\ p(x) \end{bmatrix}, \text{ 并满足} \int_R p(x)\mathrm{d}x = 1。 \tag{5-1}$$

式中，R 是全实数集，是连续变量的取值范围。对连续信源的概率密度函数离散化，把取值区间分割成 n 个宽度相同的小区间，则 X 处于第 i 个区间的概率为

$$\begin{aligned} P_i &= P\{a + (i-1)\Delta \leqslant x \leqslant a + i\Delta\} \\ &= \int_{a+(i-1)\Delta}^{a+i\Delta} p(x)\mathrm{d}x = p(x_i)\Delta \quad (i=1, 2, \cdots, n)。 \end{aligned} \tag{5-2}$$

式中，x_i 是 $a+(i-1)\Delta$ 到 $a+i\Delta$ 之间的某一个值。当 $p(x)$ 是 x 的连续函数时，由积分中值定理，必存在一个 x_i 使式（5-2）成立。因此，连续变量 X 可以用取值为 $x_i(i=1, 2, \cdots, n)$ 的离散变量 X_n 近似表示。

对于离散信源 $\begin{bmatrix} X_n \\ P \end{bmatrix}$，有

$$\begin{bmatrix} X_n \\ P \end{bmatrix} = \begin{bmatrix} x_1, & x_2, & \cdots, & x_n \\ p(x_1)\Delta, & p(x_2)\Delta, & \cdots, & p(x_n)\Delta \end{bmatrix}, \tag{5-3}$$

$$\sum_{i=1}^n p(x_i)\Delta = 1。 \tag{5-4}$$

这一离散信源 X_n 的信息熵为

$$\begin{aligned} H(X_n) &= -\sum_{i=1}^n P_i \log P_i = -\sum_{i=1}^n p(x_i)\Delta \log[p(x_i)\Delta] \\ &= -\sum_{i=1}^n p(x_i)\Delta \log p(x_i) - \sum_{i=1}^n p(x_i)\Delta \log\Delta, \end{aligned} \tag{5-5}$$

令 $n \to \infty$，$\Delta \to 0$，离散随机变量 X_n 趋近于连续随机变量 X，对离散随机变量 X_n 的信息熵 $H(X_n)$ 取极限值，得到连续信源的信息熵

$$\begin{aligned} H(X) &= \lim_{n \to \infty} H(X_n) = -\lim_{\Delta \to 0}\sum_{i=1}^n p(x_i)\Delta \log p(x_i) - \lim_{\Delta \to 0}(\log\Delta)\sum_{i=1}^n p(x_i)\Delta \\ &= -\int_a^b p(x)\log p(x)\mathrm{d}x - \lim_{\Delta \to 0}\log\Delta。 \end{aligned} \tag{5-6}$$

当 $\Delta \to 0$ 时，上式第二项是趋于无穷大的常数，因此避开第二项，定义连续信源的熵为

$$h(X) \triangleq -\int_R p(x)\log p(x)\mathrm{d}x, \tag{5-7}$$

由于避开了式（5-6）中的无限大常数项，因此依式（5-7）所计算的信息熵 $h(X)$ 不能用于表征连续信源的绝对信息熵，由于 $h(X)$ 只具有相对

性，称 $h(X)$ 为连续信源的微分熵（祖芸，2001）。

在（a，b）和（b，c）区间内有

$$p(x_f) = \frac{y_f}{\int_a^b y_f \mathrm{d}x},\qquad\qquad(5\text{-}8)$$

$$p(x_s) = \frac{y_s}{\int_b^c y_s \mathrm{d}x},\qquad\qquad(5\text{-}9)$$

分别是与 y_f、y_s 波形相同的概率密度函数，因此可用 $p(x_f)$、$p(x_s)$ 的微分熵表征 y_f、y_s 的熵 $h(x_f)$、$h(x_s)$。依式（5-8）可得

$$p(x_f) = 1.359018\times10^{-8}\cdot x^4 - 1.312156\times10^{-6}\cdot x^3 + 4.688737\times10^{-5}\cdot x^2 - 7.944461\times10^{-4}\cdot x + 3.411111\times10^{-3},$$

$$h(x_f) = -\int_a^b p(x_f)\log p(x_f)\mathrm{d}x \approx 1.5309,$$

$$p(x_s) = 6.80507\times10^{-8}\cdot x + 6.661563\times10^{-3},$$

$$h(x_s) = -\int_b^c p(x_s)\log p(x_s)\mathrm{d}x \approx 2.1761。$$

式中，$h(x_f)$、$h(x_s)$ 的单位为 bit。

采样间隔为 20 s，非平稳时间序列（a，b）区间内的 34 个感知数据共计约 680 s，而平稳时间序列（b，c）区间内的 150 个感知数据共计约 3000 s。因此，在 680 s 的非平稳时间序列（a，b）区间内，每个感知数据的微分熵平均约为 0.0450 bit，而在 3000 s 的平稳时间序列（b，c）区间内，每个感知数据的微分熵平均约为 0.0007 bit。由此可知，生鲜农产品质量安全可追溯系统通过传感器获得的感知数据，依其所处的时间序列平稳状态不同，微分熵差异较大。

三、感知数据时域压缩的技术需求分析

基于 WSN 的生鲜农产品质量安全可追溯感知数据的采集方法对时域数据压缩提出了新的需求，这些需求包括数据压缩算法复杂度低、能耗低且具有自适应性。

（1）算法复杂度低

为生鲜农产品质量安全可追溯系统设计的感知数据压缩方法，低计算复

杂度是首要考虑的问题，这既是一个性能需求，又是重要的功能需求。这是因为，WSN 作为微型的数据采集和传输终端，节点的硬件构造简单，存储器容量、处理器的计算能力和缓存能力与传统计算机相比都低得多。压缩算法要在这样的硬件环境上运行，同时保证传感器节点上的操作系统、应用程序不受影响，就必须具有较低的空间复杂度，以节约存储器空间，具有较低的计算复杂度，使节点的处理器能够承受。例如，ATmega 1281、CC2530 等芯片的寄存器和指令集设计，不支持硬件浮点运算，在 x86、x64 平台上常规的浮点运算就无法被支持。因此，类似小波变换、分形变换等压缩率高、信息损失小但数据计算复杂度高的压缩算法，就难以被移植。

（2）算法能耗低

生鲜农产品质量安全可追溯系统的感知数据采集节点，与生鲜农产品批次绑定，在供应链的加工、贮藏、运输等步骤内同步周转，这就决定了 WSN 节点难以获得持续可靠的供电，能量存储密度低、体积和重量都较小的电池成为最常见的电源。WSN 节点能量受限的特性，决定了运行在节点上的时域数据压缩算法需要耗能低。一般研究认为，WSN 节点的射频前端执行 1 次数据发送的能量开销约等于执行 1000 条 CPU 指令（Chen 等，2004），这意味着过高的算法复杂度带来的能耗，将抵消甚至超过数据传输能耗，造成数据压缩反耗能的结果，失去了感知数据时域压缩的意义。

（3）算法具有自适应性

生鲜农产品质量安全可追溯系统中的感知数据采集网络，是随生鲜农产品批次的周转而形成的动态无线传感网络，这就决定了感知数据时域压缩方法应当能适应组网环境的变化，以自组织性、自适应性、健壮性和鲁棒性，在数据精度、误差、传输频率等方面，随不同生鲜农产品种类、不同时刻、不同阶段和应用特性的数据需求特点而实现优化。

第二节　基于规则的感知数据时域压缩算法设计

由上述分析可知，生鲜农产品质量安全可追溯系统通过传感器获得的感知数据，依其所处的时间序列平稳状态不同，微分熵差异较大。因此，在使用相同的原始数据强度描述平稳时间序列和非平稳时间序列中的感知数据时，必存在数据冗余，需要寻找一种低算法复杂度、低功耗、自适应的方法，从感知数据时间序列平稳性的识别出发，并通过时域数据压缩，降低感知节点的射频发送能耗、延长网络寿命。

本书认为，对生鲜农产品供应链环境的温度、湿度、振动和空气氛围进行控制，使其适应目标生鲜农产品的最优质量安全控制，是生鲜农产品供应链管理的应有之意。因此，可以使用质量控制的方法论，对生鲜农产品供应链感知数据的时间序列平稳状态进行识别。

在对生鲜农产品供应链感知数据的时间序列平稳状态进行判断的过程中，由于人、机、料、法、环、测等因素造成的随机影响，采样值与物理真值之间必然存在误差，一般规律是采样值在 6 个方面的多种因素的独立作用下，以真值为中心呈正态分布。这使得通过质量控制的统计方法进行生鲜农产品供应链感知数据平稳状态的判断成为可能。

但是，由于感知数据时域数据压缩过程中，判别感知数据平稳状态的目的与一般质量控制方法判别质量受控状态的目的不同，前者是为了将非平稳时间序列的感知数据进行传输，后者是为了对质量变异进行发现和控制。因此，将质量控制方法用于感知数据的时域数据压缩中时，需要对常规质量控制的统计方法进行改进，使其能够"容忍"作为受控变量的感知数据存在非平稳状态，并能自适应这种非平稳状态。

一、统计过程控制技术

统计过程控制（Statistical Process Control，SPC）是根据产品质量数据的统计观点进行反馈的质量控制技术。SPC 通过数理统计方法采集生产制造过程中的质量数据，并通过数据分析，对过程的运行状态进行了解、监控和预测，对质量问题和安全隐患快速发现和排除，从而控制产品质量、降低成本、改善管理的经济效益。因此，SPC 是一种以预防为主的质量控制方法（王毓芳 等，2001）。统计过程控制技术由贝尔实验室发明，该实验室于 1924 年率先在产品的质量管理上应用了统计图表。作为一种控制技术和控制思想，运用基于数理统计的方法，研究、预测和控制质量变化及其规律，如今已经在工业质量控制中发挥至关重要的作用。

统计过程控制技术建立的第一个基础是质量数据的分布规律，这一规律在客观上表现为质量数据的空间分布。质量数据可以是计量值和计数值，计数值又包括计件和计点值两类。在一个确定的区间内，计量值是连续型的随机变量，可以取无穷多连续值；而计数值是离散型的随机变量，只能取有限个离散值。一般的，通过测量得到的物理量，如温度、相对湿度，气体浓度分压等，都是连续性的计量值。

计量值服从正态分布。质量变异的原因通常可以被总结为"5M1E"即：人（指操作人员因素）、机（指设备因素）、料（指材料因素）、法（指方法因素）、环（指外界环境因素）、测（指测量手段因素）。根据中心极限定理，多个相互独立且具有相同分布的随机变量之和的分布，其极限趋于正态分布。由此可以判断，在多种质量变异因素的共同影响下，计量值的极限趋于正态分布，其概率计算公式为

$$F(X) = \frac{1}{\sqrt{2\pi}\sigma} \int_{-\infty}^{X} e^{-(x-\mu)^2/2\sigma^2} \, dx \qquad (5\text{-}10)$$

式中，μ 为总体平均值，σ 为总体标准差。

若随机变量 x 服从平均值为 μ、标准差为 σ 的正态分布，记作 $X \sim N$ (μ, σ^2)；当 $\mu=0$，$\sigma=1$ 时，称 x 服从标准正态分布，记作 $X \sim N$ $(0, 1)$。

正态分布的平均值 μ 和标准差 σ 是分布的特征参数，描述了 x 的分布中心和围绕中心的分散程度。因此，已知 x 服从正态分布特征，且平均值 μ 和标准差 σ 确定，则 x 的分布曲线唯一确定。

在真实的正常生产过程中，人、机、料、法、环、测 6 个方面的多种因素相互独立且随机作用于生产对象，每一个独立因素对总体分布的影响都十分微弱，且多个因素所造成的质量数据差异在整体中相互抵消，使总体呈现正态分布的特征。

统计过程控制技术建立的第 2 个基础是 3σ 准则。3σ 准则指服从随机正态分布的变量落在 $\pm 3\sigma$ 区间内的概率为 99.73%。在正常的工业生产中利用 3σ 准则的统计特性，以 $\pm 3\sigma$ 区间近似的表征整体，是经济、便捷、可靠的，故其在质量控制中有着重要的理论价值和实际价值。

二、控制图的选取

控制图（又称休哈特控制图）由休哈特博士于 1924 年在贝尔实验室创立，是统计过程控制技术的重要工具，用于及时发现和预测质量变异。控制图设计目的是对质量特征进行统计方法上的测定、记录和管理。控制图由中心线 L_c、上控制界限 L_u 和下控制界限 L_l 构成。正态分布下的控制图和控

制界限划分如图 5-6 所示。

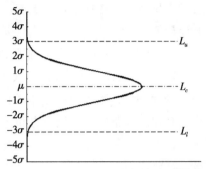

图 5-6　正态分布下的控制图和控制限划分

在质量控制中常用的常规控制图有 8 种，各控制图的使用方法类似，差异在于统计量及控制界限的组织。表 5-1 列举了常规控制图和各图的控制界限计算方法。

表 5-1　常规控制图和各图的控制界限计算方式

数据	分布	控制图名称	控制图符号	中心线	上下控制界限
计量值	正态分布	均值-标准差	$\overline{X}$ 图	$\overline{\overline{X}}$	$\overline{\overline{X}} \pm A_3\overline{S}$
			S 图	$\overline{S}$	$B_4\overline{S}B_3\overline{S}$
		均值-极差	$\overline{X}$ 图	$\overline{\overline{X}}$	$\overline{\overline{X}} \pm A_2\overline{R}$
			R 图	$\overline{R}$	$D_4\overline{R}D_3\overline{R}$
		中位数-极差	$\widetilde{X}$ 图	$\overline{\widetilde{X}}$	$\overline{\widetilde{X}} \pm m_3A_2\overline{R}$
			R 图	$\overline{R}$	$D_4\overline{R}D_3\overline{R}$
		单值-移动极差	X 图	$\overline{X}$	$\overline{X} \pm 2.66\overline{R_s}$
			R_s 图	$\overline{R_s}$	$3.27\overline{R_s}$ ；—
计数值	二项分布	不合格品率	P 图	$\overline{p}$	$\overline{p} \pm 3\sqrt{\overline{p}(1-\overline{p})/n}$
		不合格品数	P_n 图	$\overline{p_n}$	$\overline{p_n} \pm 3\sqrt{\overline{p_n}(1-\overline{p})}$
	泊松分布	单位缺陷数	U 图	$\overline{u}$	$\overline{u} \pm 3\sqrt{\overline{u}/n}$
		缺陷数	C 图	$\overline{c}$	$\overline{c} \pm 3\sqrt{\overline{c}}$

在常规控制图中，均值-标准差（$\overline{X}$-S）、均值-极差（$\overline{X}$-R）、中位数-极差（$\widetilde{X}$-R）和单值-滑动极差（X-R_s）控制图常用于正态分布的过程控制。由于在可追溯系统中，感知数据通常具有 5 个特点：①采样数据是物理量；②单次采样结果是独立数据；③采样过程在时间上不可逆；④单个传感器的采样数据不存在分层；⑤需要尽早发现感知数据的时间序列平稳状态变化。因此，本书选用 X-R_s 图为感知数据时域压缩方法的原型算法。

三、规则选取

在使用控制图时，按时间顺序对质量数据在图上描点，当点子落在 L_u 和 L_l 区间之外，或在区间之内分布不随机时，应当认为质量变异发生。这是因为，如果过程正常，则根据 3σ 准则，点子越过一个控制界限的概率只有 $1.35‰$。由于小概率事件在一次抽样中几乎不发生，因此，只要点子越过控制界限，就判定过程异常，这成为 SPC 的第一条判异准则。一般的，点子越界和点子分布不随机是控制图判异的两种基本规律。小概率事件原理是应用控制图对质量数据分布进行判异的过程的基本依据。根据这一原理，GB/T 4091—2001 标准确定了 SPC 的 8 条基本判异准则，如表 5-2 所示。

表 5-2　SPC 的 8 条基本判异准则

序号	判异准则	图示和概率计算	解释
1	1 个点子落在 A 区以外（点子超出控制界限）	$P_1=0.0027$	准则 1 是控制图中最为重要的检验模式，既可以对分布参数 μ 的变化做出判断，也可以对分布参数 σ 的变化给出信号，变化越大给出信号的速度越快（时间周期越短）准则 1 还可以对过程中的计算错误、测量误差失控、原材料差异、设备故障等独立失控做出反应

序号	判异准则	图示和概率计算	解释
2	9 个连续点子落在中心线同侧	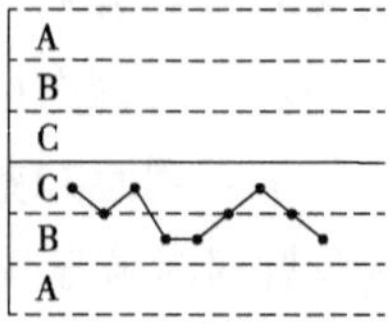 $P_2 = 0.50^9 = 0.001\ 95$	准则 2 在控制图的灵敏度改进方面补充准则 1。准则 2 能够检验过程均值 μ 的变化。例如，连续 9 个点子落于中心线以下说明 μ 的减小，同理连续 9 个点子落于中心线说明 μ 的增大
3	6 个连续点子递增或递减	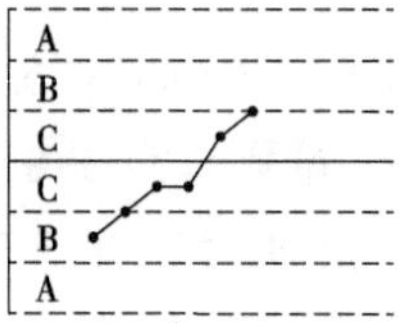 $P_3 = \dfrac{1}{6!} = 0.001\ 38$	准则 3 用于识别过程均值 μ 的趋势变化，递增或递减显示了趋势的变化方向。对判定数值较小的 μ 的趋势变化，准则 3 的灵敏度高于准则 2。 过程中 μ 的趋势变化原因可能是工具损耗、人员技能的逐渐变化等，这种变化会发生第二类错误的概率随之变化
4	14 个连续点子中相邻两点上下交替	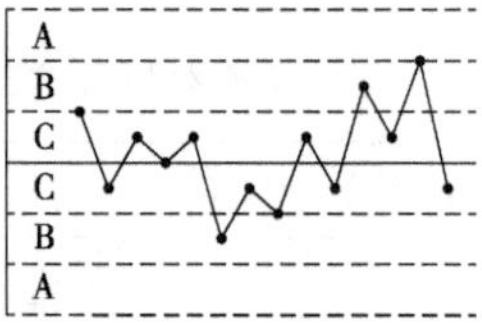	准则 4 能够检验过程中存在的数据分层引起的系统变化，也能够检验周期性异常变化。准则 4 由于并不限定点子落入的区域，因而不能由概率计算来决定
5	3 个连续点子中有 2 个落入中心线同侧 B 区外	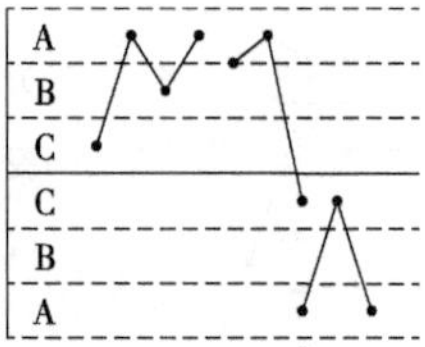 $P_5 = \left(\dfrac{0.9973 - 0.9544}{2}\right)^2 = 0.000\ 46$	本准则用于检验过程均值 μ 的变化，对于标准差 σ 的变化检验也有效。3 个点子中的 2 个可以是任意的，至于第 3 个点子在何处、甚至不存在，准则都有效

续表

序号	判异准则	图示和概率计算	解释
6	5 个连续点子中有 4 个落在中心线同侧 C 区外	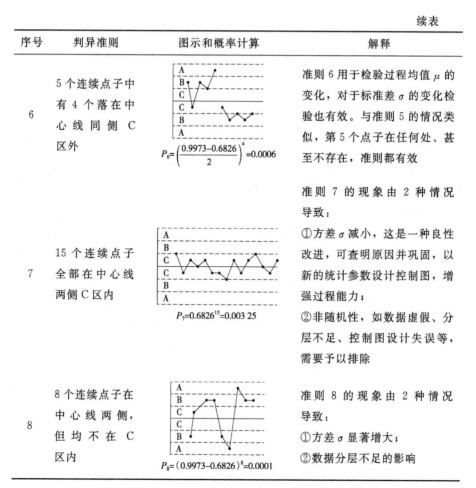	准则 6 用于检验过程均值 μ 的变化，对于标准差 σ 的变化检验也有效。与准则 5 的情况类似，第 5 个点子在任何处、甚至不存在，准则都有效
7	15 个连续点子全部在中心线两侧 C 区内		准则 7 的现象由 2 种情况导致：①方差 σ 减小，这是一种良性改进，可查明原因并巩固，以新的统计参数设计控制图，增强过程能力；②非随机性，如数据虚假、分层不足、控制图设计失误等，需要予以排除
8	8 个连续点子在中心线两侧，但均不在 C 区内		准则 8 的现象由 2 种情况导致：①方差 σ 显著增大；②数据分层不足的影响

数据来源：GB/T 4091—2001 标准。

在前述 8 条判异准则中，准则 1 为最重要的判异准则，准则 2、准则 3 为准则 1 的补充，反映了均值 μ 可能变化；准则 4、准则 8 反映数据可能存在分层；准则 5、准则 6 可认为是准则 1 的推广；准则 7 反映了方差 σ 的收敛。综合考虑感知数据特点、传感器节点的计算能力、各判异准则在程序中实现的时空复杂度和相应事件发生概率，本书选取准则 1、准则 2 和准则 3 作为温度状态的判异准则，用于构造改进的单值-滑动极差时域数据压缩算法。

四、改进的单值-滑动极差时域数据压缩算法

1. 基于 ECA 的规则触发机制

ECA 规则是一种基于事件-条件-动作（Event-Condition-Action）的规则触发方法，该方法将触发规则和面向对象、面向事件的特征结合起来。ECA 规则源自数据库管理系统的触发器，目的在于满足一定条件激活某个动作（陈翔 等，2007）。

ECA 的原理是当规则监测的事件发生时，与该事件相关的规则体触发，该规则体内的可选条件子句和动作子句用于确定当规则体触发时，满足何种条件、执行何种动作。可选条件子句一般是返回值是布尔逻辑变量的表达式，也可以是复杂的逻辑和函数运算，如果计算结果是真就执行动作子句的操作，反之就不执行操作（陈翔 等，2007）。ECA 规则的基本形式为：

$$
\begin{aligned}
&\text{RULE <规则名>[<参数 1>,\cdots,<参数 } m>] \\
&\quad \text{WHEN <事件表达式>} \\
&\quad \text{IF <条件 1> THEN <动作 1>;} \\
&\qquad \vdots \\
&\quad \text{IF <条件 } n \text{> THEN <动作 } n \text{>;} \\
&\text{END-RULE}
\end{aligned}
\tag{5-11}
$$

对本节第二小节所述准则 1、准则 2 和准则 3，其 ECA 规则具体设计为：

$$
\begin{aligned}
&\text{RULE <1 个点子落在 A 区之外>[} x_t \text{]} \\
&\quad \text{WHEN <} m_1 = false \text{>} \\
&\quad \text{IF<} x_t > 3\sigma \text{> THEN <} m_1 = true \text{> ;} \\
&\quad \text{IF<} x_t < -3\sigma \text{> THEN <} m_1 = true \text{>;} \\
&\text{END-RULE}
\end{aligned}
\tag{5-12}
$$

$$
\begin{aligned}
&\text{RULE <连续 9 点落在中心线同侧>[} x_t, \cdots, x_{t-8} \text{]} \\
&\quad \text{WHEN <} m_2 = false \text{>} \\
&\quad \text{IF <} x_t > \mu \wedge \cdots \wedge x_{t-8} > \mu \text{> THEN <} m_2 = true \text{>;} \\
&\quad \text{IF <} x_t < \mu \wedge \cdots \wedge x_{t-8} < \mu \text{> THEN <} m_2 = true \text{>;} \\
&\text{END-RULE}
\end{aligned}
\tag{5-13}
$$

RULE <连续 6 点递增或递减>[$x_t, \cdots, x_{t-5}$]
WHEN <$m_3 = false$>
IF <$x_t > x_{t-1} \wedge \cdots \wedge x_{t-4} > x_{t-5}$> THEN <$m_3 = true$>; (5-14)
IF <$x_t < x_{t-1} \wedge \cdots \wedge x_{t-4} < x_{t-5}$> THEN <$m_3 = true$>;
END-RULE

2.算法的流程设计

算法开始时，重置所有判异规则的布尔变量；接收 9 个（基于判异准则 2 的统计数据样本量）感知数据 $x_1 \sim x_9$，计算 $x_1 \sim x_9$ 的统计量 μ 和 σ，根据表 5-2 中的控制界限计算中心线 L_c、上控制界限 L_u 和下控制界限 L_l，在此基础上构造 X、R_S 控制图；构造控制图后，抛弃最旧的数据 x_9，做一次采样，更新并保持 9 个感知数据；使用上述 3 条判异规则，匹配当前的 9 个感知数据，对 R_S 控制图判异，成功则发送该数据并直接开始新的采样，失败则继续下一步；使用上述 3 条判异规则与当前的 9 个感知数据匹配，对 X 控制图判异，成功则发送该数据，如触发准则 2，说明均值 μ 发生偏移，并变迁至另一平稳状态，应返回第一步，重置 X 控制图。其余情况下感知数据尚处于非平稳状态，不需重构控制图。算法步骤如下。

变量 1：存在 9 个按时序采集的感知数据 $x_1 \sim x_9$。

变量 2：存在初始值均为 false 的布尔变量 m_1、m_2 和 m_3，对应 3 条规则状态。

算法关键步骤如下：

Step1: INPUT($x_1 \sim x_9$);

Step2: CONSTRUCT (R_S), CONSTRUCT (X);

Step3: FROM i =1 TO 8 SET $x_i = x_{i+1}$, INPUT (x_9), SET $m_1 = m_2 = m_3 = false$;

Step4: ON R_S RS-Chart: $\{x_1 : x_9\} \xrightarrow{\text{RULEs}} \{m_1, m_2, m_3\}$, SET $s = m_1 \vee m_2 \vee m_3$;

Step5: IF s=true {TRANSMIT (x_9), GOTO Step3};

Step6: ON X : $\{x_1 : x_9\} \xrightarrow{\text{RULEs}} \{m_1, m_2, m_3\}$, SET $s = m_1 \vee m_2 \vee m_3$;

Step7: IF s=true {TRANSMIT (x_9), GOTO Step8} ELSE GOTO Step3;

Step8: IF m_2 = true GOTO Step2 ELSE GOTO Step3;

算法的流程图如图 5-7 所示。

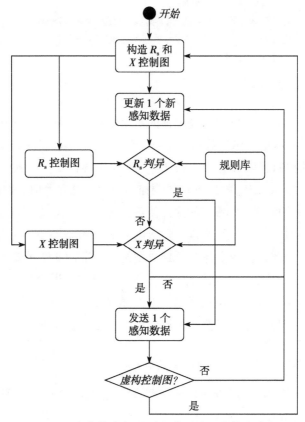

图 5-7　改进的动态-滑动极差时域压缩算法流程

第三节　感知数据时域压缩算法的性能分析

一、感知数据时域压缩算法的评价模型

压缩同样的感知数据时间序列，算法的压缩率越高，一般而言数据冗余被剔除的越充分，但压缩率越高也意味着信息熵的丢失，造成较大的数据拟合误差，这将对生鲜农产品在波动环境下的质量控制产生消极影响。同时，由于运行在计算和存储能力均受限的节点上，这意味着算法的时间复杂度 $[T(O)]$、空间复杂度 $[S(O)]$、能耗（C）、压缩比（R）和拟合结果的残

差平方和（S_e）等指标都需要予以考虑。

$T(O)$、$S(O)$ 是算法的固有属性，因此本书采用静态分析方法，对不同算法的 $T(O)$ 和 $S(O)$ 给出对比。对于 C、R 和 S_e，采取动态仿真分析的方法，引入实验数据，建立模型，求解各算法的每数据点压缩开销 t_c，来评价算法的性能。计算方法为：

$$t_c = f(C, R, S_e, N) = \frac{C * S_e}{R * N}。 \tag{5-15}$$

式中，C 为能耗；R 为数据压缩比；S_e 为拟合误差平方；N 为序列中数据点个数；t_c 为每数据点压缩开销。

本书认为，一个性能好的算法应该同时具有低的 $T(O)$、$S(O)$ 和小的 t_c 值。

二、实验设备与数据采集

实验数据采集所需的平稳时间序列与非平稳时间序列环境采用 TEMI-1880 变温箱模拟，实验地点是中国农业大学信息与电气工程学院。设置变温箱在 60 ℃运行 60 min 以预热和干燥舱体。设置共计 1000 min 的温度数据采集，其中 0～400 min 为 -4 ℃的稳定温度环境，用于产生平稳时间序列，401～1000 min 为 -4～10 ℃温度区间、周期为 200 min 的波动环境，用于产生非平稳时间序列。采样环境的状态设定如表 5-3 所示。

表 5-3　采样环境状态设定

采样时段/min	目标温度状态/℃
0～400	-4
401～500	10
501～600	-4
601～700	10
701～800	-4
801～900	10
901～1000	-4

温度数据采用第三章所述基于 CC2530 的感知数据采集节点与 SHT11 型数字式温湿度传感器采集，在 2.4 GHz 的 ISM 频段进行数据传输。采样周期设定为约 10 s/次。

三、算法静态分析

在不进行感知数据时域压缩的状况下，$T(O)=0$、$S(O)=0$，但同时存在最高的射频能耗开销与数据冗余。对于阈值算法，每个感知数据与触发射频传输的温度波动阈值进行比较，阈值需要存储，因此算法的时、空间复杂度为 $T(O)=O(1)$、$S(O)=O(1)$；使用 K-滑动均值算法进行时域压缩过程中，需存储滑动窗口长度为 k 的感知数据，且每 k 次采样计算均值并传输，算法的时、空间复杂度仍是 $T(O)=O(1)$、$S(O)=O(1)$；由改进的 X-R_s 算法可以知道，对每个点多进行两轮判异，需存储 2 个控制图的控制界限（分别为 L_c、L_u 和 L_l）和 9 个感知数据，算法的时、空间复杂度也为常数阶。不同算法的时间、空间复杂度对比如表 5-4 所示。

表 5-4　不同算法的时间、空间复杂度对比

算法名称	$T(O)$	$S(O)$
阈值算法	$O(1)$	$S(1)$
K-滑动均值算法	$O(1)$	$S(1)$
改进的 X-R_s 算法	$O(1)$	$S(1)$

四、算法动态分析

本书使用一阶无线模型（first order radio model）（Heinzelman 等，2000）对算法进行 Matlab 仿真，以估算压缩过程中的能耗。已知射频芯片发送 k 比特数据到距离为 d 的信宿耗能为

$$E_t(k, d) = E_e(k) + E_{ta}(k, d) \tag{5-16}$$

$$E_t(k, d) = E_e k + \varepsilon_a k d^2 \tag{6-17}$$

式中，E_e 为发送器能耗；ε_a 为信道能耗。

当 $E_e=50$ nJ/bit，$\varepsilon_a=100$ pJ·m^2/bit，处理器执行 1 条的指令的能耗

为 5 nJ 时，通过统计在一段时期内，算法中的指令执行条数和感知数据的发送次数，就能够估算节点运行压缩算法的能耗。算法的动态分析分别在平稳时间序列和非平稳时间序列的状态下进行。

对于改进的 X-R_S 算法，其控制限由 3σ 准则确定，压缩比则由控制限和数据分布共同确定。因此，在平稳时间序列状态下，改进的 X-R_S 算法的压缩比率几乎为确定值。为使算法间性能可比，本书调整 K-滑动均值算法的滑窗长度、阈值算法的触发射频传输波动阈值，使这两种算法分别在平稳时间序列和非平稳时间序列下具有与改进的 X-R_S 算法近似的压缩比。

使用在 $0 \sim 400$ min 采集的 2462 个数据进行仿真，获得各算法在平稳时间序列状况下的性能对比（表 5-5）。由于改进的 X-R_S 算法在此状态压缩率为 90%，设定传输阈值为 ± 0.025 ℃、滑窗长度为 10 使阈值算法、K-滑动均值算法的压缩率均约为 90%。

表 5-5　平稳状态下的算法性能（$N=2462$）

算法名称	能耗（C）/nJ	压缩率（R）	误差平方和（S_e）/℃²	t_C
阈值算法	0.94×10^6	90.5%	1.63	6.86
K-滑动均值算法	0.99×10^6	90.0%	1.19	5.30
改进的 X-R_S 算法	1.19×10^6	90.0%	1.12	6.02

图 5-8 给出了改进的 X-R_S 算法在平稳时间序列状态下，原始数据的随机波动和压缩数据的拟合状况。

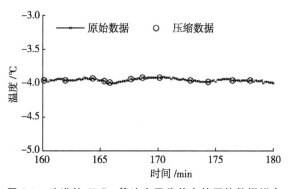

图 5-8　改进的 X-R_S 算法在平稳状态的压缩数据拟合

使用在 0~400 min 采集的 2462 个数据进行仿真，获得各算法在平稳时间序列状况下的性能对比（表 5-5）。由于改进的 X-R_S 算法在此状态压缩率为 90%，设定传输阈值为 ±0.025 ℃、滑窗长度为 10 使阈值算法、K-滑动均值算法的压缩率均约为 90%。

使用在 401~1000 min 采集的 3863 个数据进行仿真，获得各算法在非平稳时间序列状况下的性能对比（表 5-6）。由于 X-R_S 算法在此状态压缩率为 86.5%，设定传输阈值为 ±0.120 ℃、滑窗长度为 7 使阈值算法、K-滑动均值算法的压缩率均约为 86%。

表 5-6　非平稳时间序列下的性能对比　（$N=3863$）

算法名称	能耗（C）/nJ	压缩比（R）	误差平方和（S_e）/℃^{2}	t_C
阈值算法	2.13×10^6	86.2%	32.67	209.30
K-滑动均值算法	2.21×10^6	85.7%	77.47	518.00
改进的 X-R_S 算法	2.30×10^6	86.5%	42.68	294.06

图 5-9 给出了改进的 X-R_S 算法在非平稳时间序列状态的压缩数据拟合。改进的 X-R_S 算法在非平稳时间序列状态下，压缩数据在温度剧烈变化的峰值区域失去了与原始数据的拟合，造成了较大的峰值误差，这是由改进的 X-R_S 算法的判异流程导致的（图 5-10）。

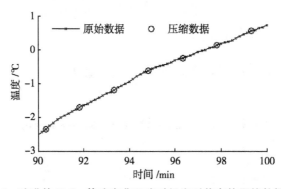

图 5-9　改进的 X-R_S 算法在非平稳时间序列状态的压缩数据拟合

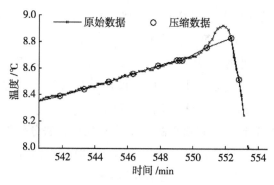

图 5-10　改进的 X-R_S 算法在剧烈波动下的压缩数据峰值误差

本章小结

针对传统时域数据压缩方法这些算法以数据为中心、并没有针对应用领域中的数据分布特点、算法复杂度与节点计算能力之间差别较大的问题，本章从感知数据的特征分析出发、基于统计过程控制技术，设计了一种以应用领域为中心的高效时域数据压缩算法。

①以 2011 年 8 月 27 日河北怀来至北京的鲜食葡萄常温物流全程温度感知数据时间序列为样本，使用 EViews 8.0 对感知数据时间序列的平稳性分析表明，生鲜农产品质量安全可追溯系统通过传感器获得的感知数据时间序列，一般是由平稳时间序列和非平稳时间序列依时序排列而成的随机时间序列。

②对上述样本的感知数据时间序列的微分熵测度表明，非平稳时间序列内每个感知数据的微分熵平均约为 0.0450 bit，而在平稳时间序列内每个感知数据的微分熵平均约为 0.0007 bit，感知数据依其所处的时间序列平稳状态不同，微分熵差异较大。

③针对微分熵表征的平稳时间序列的信息冗余，本书通过改进 SPC 的 X-R_S 控制图，增加了感知数据平稳状态判定的滑动自适应过程，设计了改进的 X-R_S 算法。由于算法具有较复杂的判异过程，因此，在两种时间序列状态下，判异流程过程造成的能耗比阈值算法和 K-滑动均值算法大，但节点主要能耗开销在于射频传输，因此，在压缩率相同时，各算法能耗在同一数量级。

④在 S_e 值的对比上，平稳时间序列状态下，改进的 X-R_S 算法通过持续进行判异与射频发送决策，数据拟合精度最高，S_e 达到 1.120；非平稳时间序列状态下，改进的 X-R_S 算法的 S_e 为 42.682，大于阈值算法获得的 32.670。在温度趋势变化剧烈位置的峰值误差造成了 S_e 增大，因此，要进一步改善 X-R_S 算法性能，需要完善判异流程。

⑤在 t_c 值的对比上，阈值算法、K-滑动均值算法分别是平稳时间序列、非平稳时间序列下的最优选择，改进的 X-R_S 算法在两种状态下均非最优，但均接近最优，性能平衡性和状态适应性好。

第六章　基于 XML 的可追溯感知数据
交换中间件

在生鲜农产品质量安全可追溯系统中，感知数据采集、压缩完成后，数据在采集端、异构数据库、应用端高效的交换，是系统的部署、推广和发挥其应有的作用前提条件，因此，研究高效、可靠的可追溯数据交换方法具有重要意义。本章以水产品冷链为研究对象，将无线传感网技术、有限状态机原理及基于 XML 的数据交换技术结合，提出了基于 XML 的可追溯感知数据交换中间件的总体结构及具体实现方法。具体研究结果包括：①通过对水产品冷链物流的分析，应用 HACCP 原理，确定水产品冷链物流中需要进行温度监控的环节为"捕捞地→加工场、水产品加工过程、水产品冷藏室储藏、仓库→销售地"，在此过程中通过无线传感网络可实现这些环节中温湿度信息的采集；②设计数据交换方法，首先通过使用有限状态机原理实现了对数据帧解帧过程的分析描述，达到对数据帧的实时解帧，进而通过映射算法实现数据由关系数据库到 XML 的映射转换，为数据网络传输和数据交换提供 XML 数据流，最后为可追溯应用提供统一的数据处理接口。

第一节　可追溯感知数据交换的需求分析
——以水产品冷链物流为例

本节通过分析我国水产品冷链物流过程的普遍业务流程，基于 HACCP 原理总结水产品冷链物流过程可能出现的质量安全危害，并确定整个过程中的关键控制点、需要采集和交换的数据内容及采集交换方法。为了分析方便，本书选择以捕捞水产品冷链物流作为研究背景。

一、水产品冷链物流

冷链（Cold Chain）是指易腐、生鲜食品从产地收购或捕捞之后，在生产加工、储藏、运输、销售，直到转入消费者手中，将食品始终保持在相应的温度条件之下，以保证食品质量安全，减少损耗，防止污染的供应链系统（方昕，2004）。水产品的冷链物流就是为了保证水产品从收获或捕捞开始，经过加工、储藏、运输直至销售的一系列环节里都始终保持在规定的低温环境中，从而保证水产品的品质和安全。水产品冷链物流是水产品供应链中的一个重要组成部分。

1. 水产品物流业务流程

水产品分为养殖水产品和捕捞水产品，养殖水产品以鲜活消费为主，在流通过程中以活体流通为主要特征，捕捞水产品消费形式主要有鲜活和冷冻品消费两种（周应恒 等，2008）。水产品的获取方式不一样，其所经的物流过程也有一定的区别。对于养殖水产品来说，从养殖地捕捞出来后，一部分直接销售给消费者；一部分经产地批发商销售到消费市场。捕捞水产品的捕捞业者与养殖水产品流通主体不同，捕捞业者除了渔民之外还有一部分是国有捕捞企业，这些企业资金雄厚，拥有先进的设备和技术，通常有40%的水产品是捕捞后在船上加工然后直接在捕捞地销售，60%的产品在船上冷冻加工后运回国内渔港销售或经国外贩运商直接运往国外消费（周应恒，2008）。

这里我们只以捕捞水产品为例，捕捞水产品的冷链物流涉及水产品从捕捞开始，经过加工、仓储、运输与配送过程的完整物流过程。按照水产品从加工到消费的时间顺序，捕捞水产品冷链物流过程可以大致分为以下几部分，如图6-1所示（吴稼乐，2008；任晰，2009）。

下面就水产品整个冷链物流中的主要环节做一说明。

①水产品捕获。冷链物流的起始步骤。水产品捕获过程发生在近海或者内湖。捕获后的水产品大多将通过冷藏运输送往加工场进行进一步的加工处理。

②水产品加工。水产品加工是指水产品进入工厂后所进行的解冻加工处理、速冻、冷冻与包装等过程。水产品的加工主要分为两类：一类是整鱼处

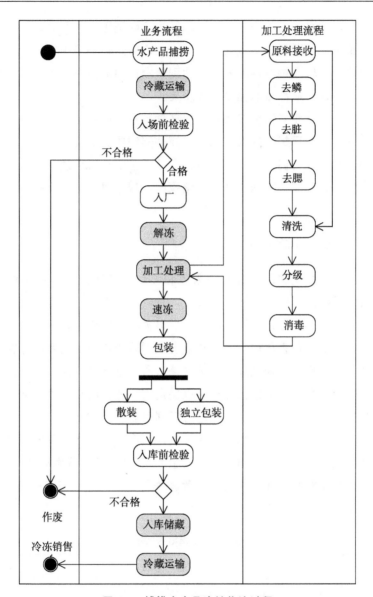

图 6-1 捕捞水产品冷链物流过程

理；另一类是分割处理包括去鳞、去腮和去脏 3 个主要步骤。

③冷冻储藏。包括水产品的冷藏与冻藏。主要涉及各类冷库与冷冻库、冷藏柜与冻结柜。经过冷冻处理后的水产品进入冷库进行贮藏，应保持适当的仓储环境温度。

④冷藏运输。冷藏运输发生在养殖场到加工场，以及由加工场到销售点

的过程。它包括水产品的中、长途运输及短途配送等。涉及的运输方式包括铁路、冷藏车、冷藏船、冷藏集装箱等。在冷藏运输环节中，温度的波动会对产品质量产生较大影响，因此，在达到规定低温的同时，更要保证温度的稳定，这一点在长途冷藏运输中尤为重要。

⑤冷冻销售。冷冻销售包括各种冷链食品进入批发零售环节的冷冻冷藏和销售，它由生产厂家、批发商和零售商共同完成。随着大中城市各类连锁超市的快速发展，它们已逐渐成为冷链食品的主要销售渠道，在这些零售终端，大量使用了冷藏、冷冻陈列柜和储藏库，这些成为食品冷链中不可或缺的重要环节。

2.水产品冷链的危害环节

水产品冷链物流的危害分析是采集和评估冷链物流相关危害信息的过程，其目的是确定哪些危害极可能发生，进而在计划书中进行阐述并采取控制措施。对各个环节存在或潜在的安全危害进行分析判断，一般分为两个阶段，即危害识别和危害评估。首先在危害识别阶段应全面地列出存在或潜在的生物性、化学性及物理性危害；其次是对所有危害进行评估，即对每一个危害的风险及其严重程度进行分析，以决定安全危害的显著性；最后提出相应的控制措施，以防止、消除或将危害降到可以接受的水平。

在水产品冷链中，根据水产品的性质，水产品中存在的危害因素分为生物性危害、化学性危害与物理性危害（包大跃，2007）。从生物性、化学性、物理性3种角度对每个环节中的潜在危害进行分析，过程危害分析如表6-1所示（何旭，2010；赵艳艳 等，2009）。

表6-1　过程危害分析

作业环节	可能产生的危害
鲜鱼捕获	养殖场的水源污染、场内环境污染的潜在危险； 投喂饲料中潜藏的安全隐患
装卸搬运	装卸搬运没有合理计划和调度，导致装卸时间过长或鱼暴露空气中的时间过长； 对冷库或冷藏箱开关门的次数较多，导致低温环境温度波动较大较频繁； 接触过污染危害性货物的装卸设备未经清洗消毒就用来装卸水产品，导致二次污染

续表

作业环节	可能产生的危害
运输	运输工具不能使装载的食品保持在适当低温； 温度出现异常问题时不能及时给出预警； 运输路线不合理，行车时间长，运输效率低下
储存	速冻制冷的速度过慢，导致冰晶破坏水产品组织结构，影响鲜度； 储存区温度、湿度、微生物数量没有达到储存标准，导致水产品腐蚀变质； 信息系统不完善，相关物流信息的采集、传输不及时，导致无法及时获得准确的库存信息
解冻	解冻水受污染或未达到规定要求，解冻时间过长或终结温度过高，影响水产品质量
加工处理	水产品原料与加工后的成品交叉污染； 加工过程加工人员或者加工工具未做好消毒措施而引入外来污染； 加工时间过长及加工过程温度超标导致微生物滋生
速冻	成品冷却时间过长，或冷冻质量未达到规定要求导致细菌及致病菌的繁殖

3. 水产品冷链物流温度控制

通过对水产品冷链物流过程及这个过程中可能发生危害的环节的分析可以看出，在水产品冷链运输过程中，水产品所处的温度、湿度、空气氧化等环境因素的变化，以及伴随酶促作用都会在一定程度上引发水产品品质衰变，甚至腐败或变质。

上一节对水产品冷链物流进行危害分析（HA）的目的是鉴别出冷链物流过程中影响水产品质量的主要因素，从而掌握产生危害的机制，并根据危害特征确定其风险程度类别，制定出减少危害的相关措施。HACCP 即为危害分析关键控制点，利用 HACCP 可以对水产品冷链物流整个过程中的各种危害进行分析和控制，并对冷冻工艺、防止细菌污染和繁殖方面进行严格要求，重点控制加工、存储、装卸过程中的操作温度（何旭，2010），从而保证水产品冷链物流运输过程的质量安全监控。

为了能够更加科学的、更具针对性的对水产品冷链物流环节的信息进行监控，可运用 HACCP 原理对水产品在冷链物流过程中可能受到的危害进行分析，从而识别其中的关键危害、关键控制环节（赵艳艳，2009；郝丹，2009）。表 6-2 为水产品冷链物流 HACCP 计划。

表 6-2 水产品冷链物流 HACCP 计划

关键控制点	显著危害	关键限值	监控对象	监控方法	纠偏措施	记录	验证
CCP1 鲜鱼捕获	致病菌、化学残留物	国家相应的标准	相关证明	检查三证	拒收、退款	验收监测记录	每日审核，每周抽检
CCP2 解冻	微生物污染、解冻水污染	流水水温控制＜10 ℃；终了解冻停止于 0 ℃ 半解冻状态	用于解冻的流水水温	实时监测温度；监测解冻水质量	及时调整水温；水消毒	温度监测记录	观测监控记录，看是否合标
CCP3 加工处理	交叉污染、微生物污染	加工环境温度≤5 ℃	加工环境温度、加工器材和操作人员	温度监控；定期消毒	及时调整温度；分类摆放；及时处理受污染的产品	温度监测记录；加工人员登记	温度与标准值对比；定期抽查加工用具
CCP4 速冻	外来污染致病菌	速冻时温度为−45 ℃，冷冻后中心温度为−18 ℃	速冻温度	检查速冻时的温度	排除受影响产品；及时调节速冻温度	温度检查记录	复查记录、速冻设备维护
CCP5 冷藏储存	致病菌	温度控制为−18 ℃ 以下	贮藏温度	查看温度监控设备	及时调节储藏温度	温度检查记录	复查记录、冷藏设备维护
CCP6 冷藏运输	致病菌	冷藏车温度、控制标准	微生物、化学污染物	温度监控	及时调整温度，保证运输温度	温度监控记录	食品准确性检测
CCP7 装卸搬运	致病菌	温度＜18 ℃；作业时间限制	温度、时间、作业人员	观察温度、记录时间	调整温度作业时间	作业记录	每次作业后审核

通过以上对水产品冷链物流的危害分析及制定的 HACCP 表来看，温度在整个冷链物流过程中对其产品质量有着至关重要的影响。

对冷链物流过程中水产品的安全性和品质保证除了生产加工企业的技术控制外，更多地依赖于包括包装、运输和储存等整个物流环节中的温度控制。温度在水产品的冷链环境因数中，是对水产品品质影响最关键的因素（黄骆镰 等，2009）。在温度的作用下，水产品将发生化学变化、酶促生物化学变化、僵直或软化、微生物群落生长、细菌繁殖等腐败现象（金盛楠，2008）。另外，冻结状态下的水产品，尽管其中微生物的生长繁殖受到抑制，但微生物并未被杀死，在流通过程中，一旦冷链中断或者温度失控，发生升温或者解冻，就会使残存微生物急剧繁殖增生，造成安全隐患，甚至引发食物中毒。

因此，在冷链系统控制中，温度是考虑的主要因素。各个环节温度控制的关键点正是冷链系统的关键点。温度对水产品质量的影响如图 6-2 所示（刘璐，2010）。

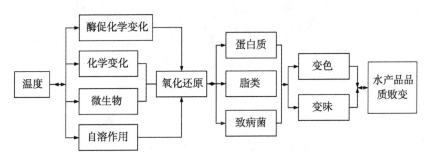

图 6-2 温度对水产品质量的影响

水产品成分由蛋白质、脂肪等多种物质组成，在温度环境的作用下，由于酶促化学变化、化学变化、微生物与自溶作用，水产品的品质发生了分解、合成，或者氧化还原反应，引起水产品中的蛋白质、脂类发生衰变，同时引发致病菌的大量繁殖与增长，最终引起水产品变色、变味，导致水产品的品质不断败变。

在整个流通过程中，由于温度的变化所引起的质量下降是积累性的、不可避免的。为了加强对水产品冷链物流过程中质量的保证，需要采用信息技术手段对各个环节中的温度进行监控和预警，及时了解温度信息并及时进行处理，从而最大限度地保障水产品的质量安全。

二、水产品冷链物流中的数据监控

1. 水产品冷链物流监控环节

对水产品的冷链全过程进行温度管理，不但要建立温度记录，而且还要跟踪温度控制的情况。在物流管理中，物质分为两种状态：静态，即物质存储在仓库中；动态，物质在运输过程中，其位置随运输过程发生变化（王璐超，2010）。通过以上对水产品冷链物流过程及 HACCP 关键控制点的分析，可以看出，在整个水产品冷链物流的环节中，主要需要温湿度监控的环节为以下几个方面（图 6-3）。

图 6-3　水产品冷链物流监控环节确定

①监控环节 1：水产品由捕捞地运往加工场途中，冷藏运输车箱内温度要控制在－18 ℃；为保证水产品品质不受温度波动的影响，需要对冷藏运输车厢进行温湿度监测。

②监控环节 2：水产品加工过程中需要加工环境温度低于 5 ℃，因此，加工过程中需要对加工车间的环境温度进行检测。

③监控环节 3：水产品加工后经过速冻送往冷藏室储藏，储藏仓库中心温度需要控制在－18 ℃左右，因此，水产品储藏室内需要进行环境中温湿度监控。

④监控环节 4：水产品在送往销售地的途中，冷藏运输车厢内温度应控制在－18 ℃以下，为保证运输过程中的温度波动变化，需要在冷藏箱内部署检测仪器，检测温湿度信息。

为保证水产品冷链物流过程中对温度的要求，本书选择使用无线传感网络（WSN）对环境中的温度进行数据采集。WSN 可以实现水产品冷链物流的全程监控。冷链物流中的货物在储运过程中易受到外界温度、湿度等条件影响而发生腐烂变质，因此，如果把无线传感器网络应用在冷链物流中，就可以全程监控冷冻环境中的产品温度及湿度，及时调控温度湿度，保证产品质量。

①在冷藏仓库的环境监测中，使用 WSN 可满足对温度、湿度、空气成分等环境参数的分布式监控的需求，实现仓储环境智能化。

②在水产品冷链运输过程中，将 WSN 应用于运输车辆的全程跟踪与监测，通过传感器节点能够监测水产品冷藏箱在运输途中的位置和状态，向监控中心发送监测信息，从而使管理者能更有效地管理和控制水产品的物流过程，确保产品品质。

③将 WSN 部署在水产品加工车间，可以实现对车间内温度的监控，由于传感节点之间采用的是无线通信，因此不用考虑布线成本。WSN 采集温湿度数据，无须人工记录和处理，大幅降低了数据采集的人工成本。

2. 水产品冷链物流中 WSN 的应用分析

无线传感器网络就是由部署在监测区域内大量的廉价微型传感器节点组成，通过无线通信方式形成的一个多跳自组织网络。由于水产品冷链物流温度检测的环节较多且地理位置分散，因此，采用对等式节点拓扑布置的方法，在较集中的监测区域内布置传感器网络。如图 6-4 所示，是一个适用于

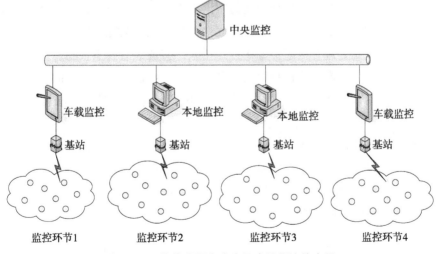

图 6-4 无线传感网在水产品冷链物流的应用

水产品冷链物流温度监测的传感器网络系统结构，这是一个层次型网络机构，最底层为部署在实际监测环境中的传感器节点，向上层依次为传输网络、基站，最终连接到 Internet。

①第一层实现水产品监控环节温湿度信息采集。如图 6-4 所示无线传感网将部署 4 个水产品冷链物流监控环节中，实现温湿度信息的采集。每一个无线传感网都是由传感器节点（Sensor node）、汇聚节点（sink node）和管理节点（韩颖，2010）组成。部署在冷藏车或者加工场及冷藏仓库中传感器节点将对部署位置附近环境中的温湿度进行采集。部署的传感器节点中集成了传感器件、数据处理单元和通信模块，其监测到的温湿度数据将在邻近节点之间逐跳传输，经过多跳后路由到汇聚节点，传感器节点自组织形成一个多跳网络，最后将数据上传到网关或者基站处理。

②第二层实现本地数据对采集数据的监控和管理。每个监控环节的传感网区域内都有一个网关负责收集由传感器节点发送来的数据，并将数据上传给本地的数据处理中心。每个监控环节都有相应的本地监控器实现对温湿度信息监控和预警。传输网络包括具有较强的存储能力和计算能力、并具有不间断电源供应的多个无线通信节点，提供网关节点和基站之间的通信带宽和通信可靠性。

基站负责收集传输网络发送来的所有数据信息，将这些数据发送到 Internet，并将传感数据的日志保存到本地数据库中。传感器节点收集的数据最后都通过 Internet 传送到一个中心数据库存储，中心数据库提供远程数据服务。由于传感器节点的处理能力有限，在数据接收和处理层中会对采集的数据进行进一步的分析处理，除去冗余信息，提取关键信息值。并把处理后的数据转化成为适合网络传输的数据格式。实现数的共享机制。

③第三层为水产品冷链物流监控和应用层。经过处理提取后的无线传感网采集的监测数据将通过多种方式呈现给用户或监控人员。数据可以通过 Internet 传给中央监控平台，实现对水产品冷链运输、加工、储存的全程温湿度监控；车载运输过程中，数据可以传到车载设备中，方便运输人员及时的观测冷藏箱内的环境温度信息；水产品加工过程中，加工场内可通过监控平台实现环境信息的监控；数据还可上传到互联网，对消费者实现水产品冷链物流中环境信息的透明化。

3.水产品冷链物流中 WSN 的体系构建

水产品冷链物流中的每一个环节的信息检测都是由一个无线传感网采集提供信息。要组建一个完整的无线传感网，需要确定使用的传感器节点(Sensor node)、汇聚节点（sink node）和管理节点。整个无线传感网的组成包括：①一个或多个参与组网的传感器节点；②一个网关，负责管理传感器网络，并接收或者传入相应的数据到传感器网络中；③一个 PC 上位机，或者网关及其他类型的应用服务器，负责接收由传感器网络上传的数据，或者写入相应的控制命令。具体无线传感网体系结构如图 6-5 所示。

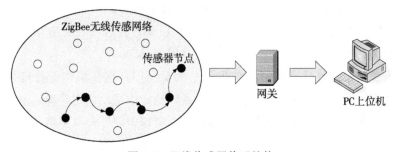

图 6-5 无线传感网体系结构

三、数据交换中间件功能需求——以水产品冷链物流为例

1.数据交换中间件的设计目的

为了应用无线传感网络实现水产品冷链物流过程的温湿度监控，除了解决传感器网络硬件本身的技术问题外，还需要解决以下几个问题。

①无线传感网基站接收的上传给上位机的数据是具有统一帧格式的十六进制数据，而这些数据面对的应用层则对数据中的帧头内容或校验数据不感兴趣。

②传感网采集的数据面对的应用环境也是各不相同的，如使用不同的操作平台 LINUX、Windows；相同的操作平台下不同的对数据的管理也使用不同的数据库，如 SQL Sever 2000/2005、Oracle、Access、mySQL。

③在数据管理方面，关系数据库具有其他方式无法比拟的优越特性；而在 Web 信息共享及异构数据交换方面，XML 又有其他技术无法比拟的优

势。冷链物流的 3 个主要环节所处的地理位置不一致，无线传感网采集的数据既需要进行本地的管理，又需要上传到统一监控平台进行全程的信息监控。

为了解决以上的问题，需要使用一种统一的数据交换中间件，既能实现对传感网数据的接收和处理、实现本地数据的管理，又能将数据转换为 XML 文档，从而实现不同数据之间的数据交换和上传到网络，实现数据共享。中间件处于操作系统软件与用户应用软件的中间，中间件在操作系统、网络、数据库之上，应用软件之下，总作用是为处于上层的应用软件提供运行与开发环境，帮助用户灵活、高效地开发和集成复杂的应用软件（田有旺，2009）。通过使用中间件可以达到以下几个目的。

①提供跨网络、硬件、操作系统（OS）平台的透明性的应用或服务交互功能，支持标准协议，支持标准接口（符春，2009）。

②开发人员通过调用中间件提供的大量 API，直接操作已处理好的数据。中间件提供的程序接口定义了一个相对稳定的高层应用环境，不管底层的计算机硬件和系统软件怎样更新换代，只要将中间件升级更新，并保持中间件对外的接口定义不变，应用软件几乎不需要做任何修改。

③中间件屏蔽了传感器数据处理过程，实现了对传感器网络上传数据的处理，主要包括数据接收、数据帧截取、数据帧分析、数据转化过程。并提供数据的统一格式，为编程人员和用户提供直接能够使用的数据，屏蔽了中间对数据的处理过程。

④中间件提供不同数据库间的数据交换方式：由于传感器上传的数据不是只在本地进行处理，还需通过数据传输和交换由其他平台的开发人员共享使用。在数据交换的过程中会遇到开发环境的不同，使用数据库不同等数据异构的情况，因此，在设计中间件时可以提供统一的数据描述，为其他数据库的开发人员使用数据提供统一的数据描述接口。

通过运行于中间层的代理程序可以访问数据层的数据，数据转换模块将数据库中的数据转换成 XML 文档，然后交给应用程序使用。代理程序根据不同用户的不同需求，定义不同数据转换模板，用来屏蔽底层数据的结构，改变数据的显示方式，提供不同的用户视图。

2.数据交换中间件的主要功能

根据以上对中间件的应用需求，以及所面对的实际水产品冷链物流环境需要，中间件的主要功能可以分为两个方面：数据处理和数据映射。

（1）实现不同格式 WSN 数据帧的处理

中间件中数据处理功能主要用于实现对传感网采集数据帧的处理。由于数据帧中的数据格式不统一，且包含了很多冗余的信息。数据处理部分需要将这些数据转换为统一的数据格式，并提供函数接口。开发人员在处理数据时只需调用相应的接口，传入相应的参数就可以提取数据，并对数据进行其他的转换处理。

由于数据的传输为实时传输，且以数据帧的形式上传，因此，在接收数据时保证数据帧接收的完整性是数据处理的关键技术环节。实现数据帧的接收后，就需要对数据帧进行相关的数据解析，提取需要的关键数据，并使用相关的算法对数据进行转化和处理。为了方便用户和管理人员的监控，处理后的数据还需要能够实时显示出来。

因此，数据处理功能中涉及的处理技术包括帧的完整接收、帧数据的解析和转换、帧数据关键内容提取及传感数据的动态显示。具体实现方法将在第七章进行详细介绍。

（2）实现关系数据库到 XML 文档的映射

为了实现能将处理后的传感网采集的数据在不同的信息实体（如硬件平台、操作系统、应用软件）之间的相互发送、传递，需要为数据的交换提供统一的数据描述形式，在不同信息实体之间建立一种数据传输的标准格式。数据交换是实现数据共享的一种技术，通过数据交换，可以实现水产品冷链物流的不同环节的系统间的数据共享、互通及业务的协同。

在进行数据交换时，需要一种发送和接受双方都能分析和操作的中间格式的数据文档，源数据方首先将需要交换的数据转换成中间数据文档，然后将转换后的中间数据文档发送给目标数据方，最后目标数据方对接收到的中间数据文档进行处理，将中间格式的数据转换成自己的数据格式并存入数据库中（朱勤，2004）。

本书选择使用 XML（Extensible Markup Language）文档作为中间数据文档实现数据的交换共享是因为使用 XML 具有以下优势。

（1）实现不同冷链物流环节中使用的不同数据库之间的数据交换

使用 XML 可以将来自不同数据源的结构化数据很容易的集成在一起，XML 文档用于数据交换如图 6-6 所示。不同数据源的数据可以转换为 XML 文档，再通过 XML 文档转换到其他数据源中，从而实现了数据在不同数据源之间的交换。同时也可通过应用软件可以在中间层的服务器上对后台数据库的数据进行集成，以 XML 格式发送给客户端或其他服务器做进一步处理，以实现数据的集成处理。

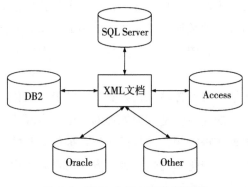

图 6-6 XML 文档用于数据交换

（2）有利于开发灵活的 Web 应用软件，可以使数据轻轻松松地在 Web 上发布

因为使用 XML 描述的数据具有统一的组织结构，其他应用软件可以灵活的对数据做进一步处理，并且可以方便地在浏览器中显示，其文档不做任何修改就可以和 HTML 文档一样在网络中传输。同时 XML 可以实现数据的独立更新。当文档中的一部分数据改变后，不需要修改全部的元素和数据，只是将改变的元素和数据从服务器直接发送到客户端，不需要修改整个客户端的界面便能够显示更新数据，这样就减轻了服务器的负担。

综上所述，本节选择水产品冷链物流作为中间件的研究背景，通过对冷链物流业务流程分析得到流程中可能出现的危害，确定对温度进行监控的环节为"捕捞地→加工场→水产品加工过程→水产品冷藏室储藏→仓库→销售地"。本节选择无线传感网络实现水产品冷链物流环节的温湿度信息的采集，并分析了采集数据处理和检测过程中面对的问题，从而提出了中间件的设计模型及其主要要解决的问题。基于 XML 的数据交换中间件能接收无线传感网上传的数据，并将数据存入数据库，且提供了数据转换成 XML 文档的接口，从而实现数据处理与数据交换的结合。下一节将会对数据从关系数据库到 XML 文档的映射转换进行分析。

第二节 可追溯感知数据交换中间件的设计

为了方便程序开发者能直接使用无线传感网络采集的数据，而不用考虑传感器上传的原始数据的类型，本书设计了一个通用的基于 XML 的传感器网络中间件。

一、数据交换中间件的体系结构

基于 XML 的数据交换中间件处于传感器网络和数据的应用程序之间，一方面，中间件实现向下对传感器上传数据的接收及处理；另一方面，将实现想上层提供数据 XML 格式存储在 XML 文件中，并为向上的用户接口提供统一的数据查询和显示接口，数据交换中间件体系结构如图 6-7 所示。基于 XML 的数据交换中间件通过实现数据到 XML 的转化，从而方便无线传

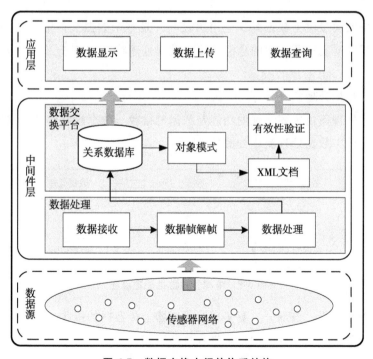

图 6-7　数据交换中间件体系结构

感器网络采集的数据上传到企业或工业网络实现中央控制中心的监控及用户对数据的观测。由于在无线传感器网络中低功率和内存的要求，通信通过信息格式和网络协议改进，这与用在 IT 后端系统或在工业网络的 IP 协议不同，基于 XML 的集成中间件通过标准的 XML API 的支持有效地桥联这些不同世界。

以下对该中间件系统中的各个关键部分进行分析。

1. 数据源

数据源是指用于提供中间件处理的数据来源层。本书中的中间件所处理的数据来源于无线传感器网络上传的数据，主要包括时间、温度、湿度、传感器电压等相关信息。这些数据是由部署在监控点中的无线传感网采集所提供。为了实现对数据的处理，需要了解清楚数据源中传感器网所采集和传输的数据格式、上传数据的频率及数据包格式等具体内容，从而能够在中间件层更好地实现数据处理。

2. 中间件层

数据处理层位于数据源和应用层之间，是整个数据交换中间件的核心。中间件层主要实现两方面的功能模块：数据处理模块和基于 XML 的数据转换模块。

（1）数据处理模块

数据处理模块主要实现的功能是数据的接收、数据帧解帧及数据值的处理。中间件中数据处理流程如图 6-8 所示。

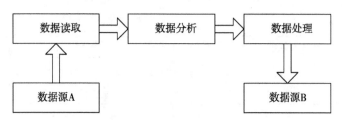

图 6-8　中间件中数据处理流程

①数据接收。该部分主要实现对传感器上传数据的接收，通过设定一定的传输速率及数据接收的端口来接收这些数据。

②数据帧解帧。传感网采集的数据经过封装成数据帧才传输给上位机，

由于采集的数据量大且数据采集速度快，因此，要保证数据接收时每一帧数据都能完整的被接收。数据帧解帧环节是实现数据帧完整接收的关键步骤，通过对帧定界标志的处理，结合数据解帧的相关算法实现数据帧的完整接收，保证每一帧数据都能完整接收，不能出现串帧或者丢包现象，从而保证接收数据的完整性。

③数据处理和转换。该部分功能是对数据帧的分析及格式转换。中间件在接收到数据后，首先将十六进制的数据转化为十进制的数据，将数据帧中的冗余数据剥离，并将数据转换为可以直观显示的数据形式。

（2）基于 XML 的数据转换模块

该部分模块功能用于将处理后的数据通过定义的 XMLSchema 模式文档转换成 XML 的表达形式，并以 XML 方式存储数据。为数据到其他数据库的存储提供统一的语言描述形式，实现数据在不同数据库的直接转换。通过对数据映射的相关定义，数据转换模块将数据库中的数据转换成 XML 文档，然后交给应用程序使用。基于 XML 的集成中间件提供了包括数据库接口、XML 接口等通用数据接口，将无线传感器网络世界的物理信息量转换成各种服务器可以接收的格式。用户可以很轻易地将无线传感器网络的数据加入原有的信息治理系统。

3. 应用层

应用层主要包括应用界面、查询接口等面向客户端的各种应用，也就是监视系统的用户界面层。该层上的所有数据的传输转换都需要通过 XML 数据交换中间件，但中间件层并不存储具体的数据。应用层是提供数据服务的基础，通过调用一个通用的接口使应用程序能够接入数据处理中心模块，然后依靠数据交换中心模块实现不同应用系统之间的信息转换和信息订阅/发布等功能。所有数据汇集到基站，连接至上层 IT 系统进行数据整合，方便治理和查询。

二、基于有限状态机的数据采集处理

1. 水产品冷链物流中 WSN 的体系

本书选择使用的无线传感器网络相关硬件产品为 Crossbow 公司的 iMote 节点、MDA300 数据采集板。

（1）感知节点选择

感知节点由数据采集模块、处理器模块、无线收发模块和能量供应模块 4 部分组成。由于水产品冷链物流过程中，温度都处于低温状态，因此，对于传感器来说其能采集的温度范围应至少是在−20 ℃以上。

为此本书选择使用 Crossbow 公司的 MDA300 数据采集板，该采集板中集成的数字温湿度信息采集芯片 SHT11 能采集的温度范围为−40～120 ℃，测量精度为±0.5 ℃。能够用于水产品冷链物流各环节中，进行温湿度信息的采集。同时，MDA300 还提供了传感器的扩展接口，在需要对其他信息，如地理位置等信息采集时，可在该采集板上增加其他类型的传感器，实现多种信息的采集。

本书选择的处理器/无线通信模块是 Crossbow 公司的 MICAz，MICAz 是全球兼容的 ISM 波段 2.4 GHz、IEEE802.15.4/ZigBee 协议 RF 发送器 Mote 模块，用于低功耗无线传感器网。MICAz 采用直接序列扩频技术，抗 RF 干扰、数据隐蔽性好，数据传输率为 250 kbps，即插即用，可连接 Crossbow 公司所有传感器板、数据采集板、网关和软件。

因此，本书选择使用的传感器节点中包含了温湿度传感器元件 SHT11、MICAz 无线传感器网络节点、MDA300 数据采集板和电池组。

（2）基站的选择

基站的功能是实现传输层上的网络互连，是最复杂的网络互联设备之一，仅用于两个高层协议不同的网络互连。选取高效稳定的网关节点是整个无线传感器网络中的重要一环。目前主流的网关有 3 种：MIBS10-串口网关、MIB520-USB 接口网关、MIB600-以太网网关（殷兴，2009）。

以上 MIB 系列网关都能实现将传感器网络数据汇总并传输到 PC 或其他标准计算机平台，同时，它们能够与处理器/无线通信模块 MICAz 配合作为基站使用。但由于 MIB510CA 和 MIB600 都是使用串行接口通信，相比较 MIB520-USB 网关，传输速度较慢，另外，MIB520 提供的 USB 接口可用于通信和在线编程，并且无须使用外部电源供电。考虑到这些优点，本书选择使用 MIB520-USB 作为网关。

为了方便数据传输，MIB520 采用 FTDI 系列芯片 FT2232D 实现 USB 串行数据格式与并行数据格式的双向转换（图 6-9）。FT2232D 可配置为 UART、JTAG、SPI、I2C 或者带独立波特率发生器的位响应异步模式串口。当配置为 UART 接口时可支持 7 位或 8 位数据位，1/2 位停止位，奇校验/偶校验/标志位/空位/无奇偶校验，包括 CD、RXD、TXD、DTR、DSR、RTS、CTS、RI 和 GND 9 个 UART 控制命令。

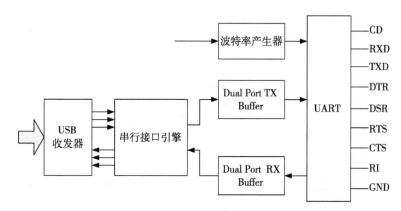

图 6-9 FT2232D 中串并行数据格式的双向转换

因此，也可以将此 USB 看作一个 RS-232 传输接口，其引脚类型为计算机中最常用的 9 引脚接头。RS-232 传输接口各引脚含义如表 6-3 所示。

表 6-3 RS-232 传输接口各引脚含义

引脚简写	意义
CD	载波检验（Carrier Detect）
RXD	接收字符（Receive）
TXD	传送字符（Transmit）
DTR	数据端备妥（Data Terminal Ready）
DSR	数据备妥（Data Set Ready）
RTS	请求传送（Request to Send）
CTS	清除以传送（Clear to Send）

引脚简写	意义
RI	响铃检测（Ring Indicator）
GND	响铃检测（Ring Indicator）

FT2232D 中定义为异步模式串口，在串口通信中将采用异步通信方式。异步通信中包括以字符作为发送单位和以帧作为发送单位两种传送方式。FT2232D 中采用以帧作为发送单位。

2. 数据帧结构

传感器上传的数据帧格式具有统一的结构，在上传的帧中传感器数据帧格式简写如表 6-4 所示。

表 6-4　传感器数据帧格式简写

数据内容	TinyOS Header	XMesh Header	XSensor Header	data Payload	CRC
字节长度/字符	5	7	4	18	2

为了传感器采集的信息将转化为十六进制的数据包，并封装上相应的报头，已实现数据的准确传送。Crossbow 传感系统中，传感器上传的信息消息帧格式包括 3 个部分：Header、Payload、CRC。

（1）Header

Xmesh 网络消息帧帧头中包括了 TinyOS 消息及其他的信息通路选择定义帧头。整个消息帧帧头包括了 Xsensor header、Xmesh header 和 Xsensor header 3 个部分。

TinyOS 是专为嵌入式无线传感网络设计的操作系统。TinyOS 的构件包括网络协议、分布式服务器、传感器驱动及数据识别工具。TinyOS 的消息是由一个结构体对象维护，称为活动消息（Active Message，AM）。TinyOS 帧头定义了 addr、type、group 信息，由此定义消息就可以在节点与节点之间传输。其中 addr 定义了数据传输的下一个节点的地址信息；type 定义了活动消息的类型；group 定义了活动消息的消息组信息及负载信息的字节长度 length。

XMesh 是一个由多跳、ad hoc、mesh 网络协议构成的网络，XMesh 网络包含许多节点能无线地彼此间通信，也能将 radio 报文传递给基站，然后传给 PC 或其他用户。XMesh 多跳帧头定义了节点间多跳通信的关键信息，保证消息能在各节点间实现多跳通信。其中 Source address 定义了发送消息的节点地址；origin address 记录产生消息的源节点地址；sequence number 定义了消息的序列号；socket 定义了应用的 ID 号。

Xsensor header 记录了传感器节点本省的信息，包括传感板的型号（Sensor board ID）、传感器数据包 ID（Sensor packet ID）及该传感器的父节点（Parent）。每一个传感器板都有一个唯一的传感器 ID 标识，Xsensor header 就用于标识每一个传感器板，不用的传感器板型号所采集的信息也将不同。

消息投数据帧的完整帧格式如表 6-5 所示。

表 6-5　消息投数据帧的完整帧格式

协议类型	TinyOS Header				XMesh Header				XSensor Header		
数据内容	Addr	Type	Group	Length	Source	Origin	Seqno	Appid	Sensor board ID	Sensor packet ID	Parent
字节长度	2	1	1	1	2	2	2	1	1	1	2

（2）Payload

消息负载是整个消息的主体，本书中使用的 MICAz 无线传感器网络节点和 MDA300 数据采集板，主要用于采集环境中的温湿度信息及传感器的电压情况。表 6-6 为传感器中消息负载的具体内容。

表 6-6　传感器中消息负载的具体内容

数据类型	数据域名	描述
uint16_t	vref	Battery reading
uint16_t	Humid	Humidity sensor reading
uint16_t	Humtemp	Humidity and temperature sensor reading
uint16_t	Adc0	Analog to digital converter reading
uint16_t	Adc1	Analog to digital converter reading

续表

数据类型	数据域名	描述
uint16_t	Adc2	Analog to digital converter reading
uint16_t	Dig0	Digital I/O reading
uint16_t	Dig1	Digital I/O reading
uint16_t	Dig2	Digital I/O reading

（3）CRC

采用循环冗余检查（CRC）标准为 CRC-16，其采用的生成多项式为 $x_{16}+x_{15}+x_2+1$。CRC-16 码由两个字节构成，在开始时 CRC 寄存器的每一位都预置为 1，然后把 CRC 寄存器与 8 bit 的数据进行异或，之后对 CRC 寄存器从高到低进行移位，在最高位（MSB）的位置补零，而最低位如果为 1，则把寄存器与预定义的多项式码进行异或，否则如果为零无须进行异或。重复上述的由高至低的移位 8 次，第一个 8 bit 数据处理完毕，用此时 CRC 寄存器的值与下一个 8 bit 数据异或并进行如前一个数据似的 8 次移位。所有的字符处理完成后 CRC 寄存器内的值即为最终的 CRC 值。

3. 数据接收处理

为实现数据的完整接收，通过串口调试助手直接接收到由 MIB520 上传的数据。通过对接收的原始数据的分析可以看出，无线传感网采集的数据具有以下特点：①传感网采集的数据数据量大，且传输频率快；②MIB520 上传的数据帧的帧结构中加入了帧定界标志及帧类型符等；③MIB520 上传数据前会先上传心跳帧以保证数据的同步，数据传输过程中数据帧与帧之间还会不定时地加入心跳帧。因此，要得到完整的接收并解析每一帧数据，接收数据时需要正确地提取到完整的数据帧，并需要摒除数据帧中的冗余信息，获取完整的帧数据并对数据进行转换和处理。

为解决以上问题，需要将数据解帧和数据处理分别作为两个功能处理模块。由于传输的数据量较大，运行时两个功能模块需要同时进行数据的处理，因此，为保证数据能实时的接收和处理，中间件中将采用多线程的处理方式对数据进行处理。多线程技术将任务划分为更小的执行单元（线程），并赋予不同的优先级，由系统负责线程的运行及切换，实现线程的分时运行，从而可以提高程序的运行效率和数据处理效率（图 6-10）。

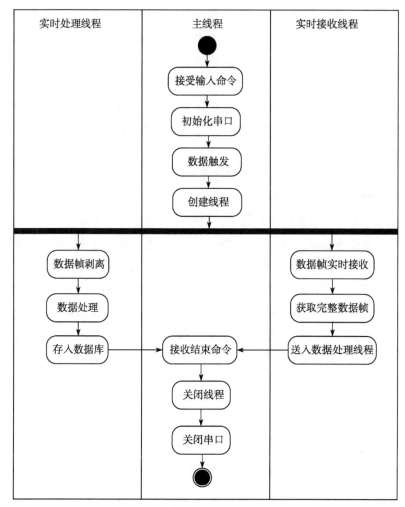

图 6-10 基于多线程的数据处理

当有数据进入数据缓冲区时，触发程序进入数据接收线程，该线程将通过数据帧解帧算法实现原始数据帧的提取。提取后的完整数据帧将送到数据梳理线程实现数据的转换处理。两个线程将同时实现数据帧的完整提取和解析。当主线程收到停止命令时，将关闭接收线程和实施数据处理线程。

4. 数据帧解帧算法

数据交换中间件中功能实现的保证就是要能够完整地接收传感网络采集的信息，因此，数据帧的解帧是中间件实现数据准确处理的关键技术之一。

数据帧的首部必须设有一些特殊的比特组合（帧定界），使得接收端能够找出一帧的开始。帧定界还包含确定帧的结束位置，有两种方法：一种是在帧的尾部设有某种特殊的比特组合来标志帧的结束；另一种是在帧首部设有帧长度的字段。在异步发送帧时，发送端可以在任意时间发送一个帧，而帧与帧之间的时间间隔也可以是任意的。在一帧中的所有比特是连续发送，发送端不需要在发送一帧之前和接收端进行协调（不需要先进行比特同步）。

上位机在接收基站上传数据的过程中，由于传输的数据量大，上位机在接收数据帧时容易出现混帧现象，既把下一帧的数据当作当前帧数据进行解析，从而导致后续数据帧解析错误，最终导致监视数据无效。因此，数据接收时的主要任务是保证每一帧的数据能够完整地接收，且不影响下一帧数据的接收和处理。保证数据帧完整接收的一个方法就是通过使用定义一个特殊的字符或字符串来标识消息结束，接收者只需要扫描输入信息（以字节的方式）来查找定界序列，并将定界符前面的字符串返回。为了方便上位机查找每个数据帧字段的边界，基站在上传数据时对每一帧数据进行了数据帧的包装，MIB520 在数据帧的开始和结尾处加入帧定界标识 7E（01111110）。如下所示：

0x7E 42 7D 5E 00 FD 7D 5D 02 24 00 02 0E 7E；0x7E 42 7D 5E 00 0B 7D 5D 1D 00 00 01 00 00 00 33 81 86 00 00 D4 01 EC 02 8B 19 A4 0D 21 0F C4 0E 01 00 01 00 01 00 78 2D 7E。

为能完整的解析得到数据帧，根据实际接收到的数据情况分析，需要解决以下几个问题：

①接收到的数据中含有其他数据帧。MIB520 上传的数据中，除了传感器采集的数据封装而成的数据帧外，还包含数据同步心跳帧，并且改帧会在数据帧直接无规律出现。因此数据帧解析时，要去除或者不接收对目标数据无关的帧。

②帧的首位定界符都为 7E，因此数据帧解析时要区分所接受到的是帧首还是帧尾，并且区分帧首位所定界的帧是数据帧还是心跳同步帧。

③由于传输时，上位机接收到大量数据，因此缓存空间有限。要有一定的缓存机制来存取接收到的数据，若数据不是想要的，程序要及时清空缓存。若数据为想要的数据帧，则应把数据送入，并进行相关的数据处理，然后再清空缓存。

本书采用状态机对数据帧解帧过程进行形式化描述。有限状态机是一种具有离散输入输出系统的数学模型，它以一种"事件驱动"的方式工作，可以通过事件驱动下的系统状态间的转移表达一个系统的动态行为（单茂华，2007）。状态机中的状态描述和事件描述分别如表 6-7 和表 6-8 所示。

表 6-7　状态机中的状态描述

状态	状态描述
q_0	串口初始化
q_1	等待接收数据
q_2	读取一个字节数据
q_3	接收数据存入缓冲区
q_4	检查数据帧长度
q_5	进入数据处理线程
q_6	数据缓冲区清空

表 6-8　状态机中的事件描述

事件	事件描述
$\mu1$	串口初始化成功事件
$\mu2$	接收到定界标志 0x7F
$\mu3$	接收到的数据为 7F
$\mu4$	接收到的数据不是 7F
$\mu5$	数据长度小于 82
$\mu6$	数据长度为 82

根据以上对数据帧及数据帧接收情况的分析，数据帧的解帧过程可以是有限状态机的状态转移，如图 6-11 所示。在接收数据一开始，程序进入数据接收线程，并进入初始状态 q0。每一个状态在遇到相应的事件驱动后则进入下一个状态。当接收到完整的 82 位数据帧时，接收到的数据帧将被交由另一个线程的数据处理函数进行数据转换。

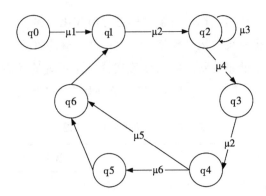

图 6-11　有限状态机的状态转移

根据有限状态机的状态转移（图 6-11）可以将数据解帧过程分为以下步骤：

①接收开始前，通过设置串口号、波特率、奇偶校验方式等参数，并对串口参数进行初始化（q0）；

②串口初始化成功后进入数据监听状态，等待接收无线传感网上传的数据（q0→q1）；

③当遇到定界标识时，触发数据接收线程，向缓冲区内读入数据的第一个字节（q1→q2），若读入的字节仍为定界标识 0x7F，则再次读入一字节进行判断（q2→q2）；

④当读入的字节不是定界标识 0x7F 时，则将接收到的数据送入缓冲区（q2→q3）；

⑤当再次接收到数据定界标识时，判断缓冲区内所存储的数据字节总长度（q3→q4）；

⑥若缓冲区内数据长度小于 82，表示接收到的不是数据帧或者是出现数据丢失的数据帧，因此，需清空数据缓冲区数据，不对此消息帧进行处理（q4→q6）；

⑦若缓冲区内数据长度刚好等于 82，则表示接收到了完整的数据帧，则将接收到的数据帧交送给数据处理线程，进行数据的下一步处理（q4→q5），同时清空数据缓冲数据准备迎接下一帧数据的接收（q5→q6）。

通过上述步骤后，程序将实现数据帧的完整接收，并过滤掉不完整的数据帧和不符合规则的数据帧。接收到的完整数据帧将送到数据处理线程进行有效数值的提取和数值的转换。

5.数值转换算法

由数据源分析可以看到，传感器上传的数据只是一串十六进制的数据，不能直接呈现给用户使用。数据处理的基本目的是从这些是杂乱无章、难以理解的数据中抽取，并推导出有价值、有意义的数据。

MIB520 还会在数据帧的开始和结尾处加入帧定界标识 0x7E（01111110），以及帧首类型符 0x42。MIB520 还会将 TinyOS header 中的 0x7E 填充字符扩展为 0x7D5E，将 0x7D 扩充为 0x 7D5D；因此，原来 5 个字节的 TinyOS header 将变为 7 个字节。而 Xmesh header、Xsensor header 及数据负载都不变化。数据负载后帧定界结束标识前将加上两个字节的循环冗余检查码。因此，通过基站上传的一个完整的帧数据总长度为 82 字节。如下所示：

0x7E 42 7D 5E 00 0B 7D 5D 1D 00 00 01 00 00 00 33 81 86 00 00 D4 01 EC 02 8B 19 A4 0D 21 0F C4 0E 01 00 01 00 01 00 78 2D 7E。

传感器 MDA300 上传的每一帧数据中，除去帧定界标识、帧首类型符、填充字符及 CRC 校验码外，帧的实际的数据大小为 36 个字节，并均以十六进制形式呈现。以下将举例描述 MDA300 上传的数据类型和格式分析（图 6-12）。

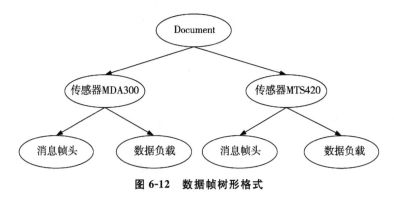

图 6-12 数据帧树形格式

MDA300 传感器上传到中间件的原始数据为：

0x7E00337D1D0000000000000081867E007D01DA02501AB80B0B0C420B000000000000。

其中，7E00337D1D 为 TinyOS header；00000000000000 为 Xmesh header；81867E00 为 Xsensor header；7D01DA02501AB80B0B0C420B000000000000

为该数据帧的信息负载。数据帧树形详细分解如图 6-13 所示。

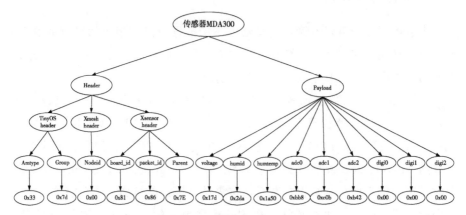

图 6-13　数据帧树形详细分解

对数据帧的处理主要包括以下几个方面（图 6-14）。

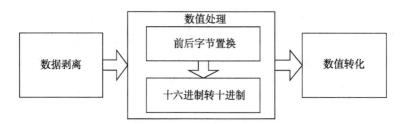

图 6-14　数据帧处理流程

（1）数据剥离

接收到的数据帧，首先应去除数据帧中冗余的信息从而提高数据处理的速度。数据帧中位于帧首和帧尾的帧定界标识 0x7E 应首先被剥离，其次是位于帧首的类型符 0x42。数据剥离后，数据帧剩下 76 字节数据。

（2）数值转化

数值处理部分主要是对数据帧中的数据负载进行数据转化，让数据便于后期的直接处理，数值转换算法如表 6-9 所示。

表 6-9　数值转换算法

数据类型	原始数据	数据倒置	转十进制
voltage	0x D4 01	0x 01 D4	468
humid	0x EC 02	0x 02 EC	748

续表

数据类型	原始数据	数据倒置	转十进制
humtemp	0x 8B 19	0x 19 8B	6539
adc0	0x A4 0D	0x 0D A4	3492
adc1	0x 21 0F	0x 0F 21	3873
adc2	0x C4 0E	0x 0E C4	3780

（3）数值处理

经过数值转化后的数据仍不能直接作为数据存入数据库或直接由用户使用，转换为十进制的数据需要经过以下公式进行数据处理。

$$Voltage = 252352/voltage \tag{6-1}$$

$$Temperature = 0.01humtemp - 39.6 \tag{6-2}$$

$$Humidity = (-39.6 + 0.01humtemp - 25.0) \times (0.01 + 0.000\,08humid) -$$
$$4.0 + 0.0405\,humid - 0.000\,002\,8 \times humid \times humid \tag{7-3}$$

上表中的数据按照以上 3 个公式进行处理过程如下：

$$Voltage = 252352/voltage = 252352/468 = 539.21;$$

$$Temperature = 0.01\,humtemp - 39.6 = 0.01 \times 6539 - 39.6 = 25.79;$$

$$Humidity = (-39.6 + 0.01\,humtemp - 25.0) \times (0.01 + 0.000\,08\,humid) - 4.0 + 0.0405\,humid - 0.0000028 \times humid \times humid = (-39.6 + 0.01 \times 6539 - 25.0) \times (0.01 + 0.00008 \times 748) - 4.0 + 0.0405 \times 748 - 0.0000028 \times 748 \times 748 = 24.7825624。$$

三、基于 XML 的数据映射转换

通过以上数据处理过程分析，部署在水产品冷链物流环节中的 WSN 采集数据将通过提取和转换供程序员或者用户能直接使用。由于关系数据库对数据的处理和管理能力较强，这些处理好的数据先存入关系数据库中，为了进一步实现数据的共享和网络传输，需要将存入关系数据库中的数据表示为 XML 数据。下面将对数据从关系数据库到 XML 文档的转换过程进行详细描述。

1. 映射过程

一般有两种映射方法能够实现数据库模式结构和 XML 文档结构之间进行相互映射，分别是基于模板驱动的映射与基于模型驱动的映射（庄子明，2002）。

①基于模板驱动的映射：没有预先定义文档结构和数据库结构之间的映射关系，而是使用将命令语句内嵌入模板的方法让数据传输中间件来处理该模板。其缺陷是必须先建立 XML 模板，XML 文档形式比较简单，对于复杂类型的 XML 文档缺乏有效手段，且需要专用的软件产品。②基于模型驱动的映射：也就是说把数据从数据库传送到 XML 文档，是用一个具体的模型实现的，这样，XSL 可以被结合到基于模型映射的产品上。在 XML 文档中，两种模型是很常见的：表格模型（table model）和数据专用对象模型（data-specific object model）（张冰，2005）。

本书中采用模型驱动的映射方式，实现数据库和 XML 文档间的数据转换的关键在关系数据库模式和 XML Schema 之间建立映射关系，用具体的模型来实现数据间的映射。通常关系数据库就使用关系模型，而 XML 文档依赖的是 Schemas 或者 DTD。本书中选择使用 XML Schema 为 XML 文档的结构和内容模式进行定义和描述，因为 XML Schema 是基于 XML 的 DTD 替代者，并且处理方式比 DTD 更灵活。

采用模型驱动的映射方式时需要考虑到两种情况：一种是已有关系模型但没有 XML Schema，这就需要先通过关系模型生成 XML Schema，再结合生成的 XML Schema 映射出对应数据表的 XML 文档；另一种是两种数据模型都有，结合数据库内数据就可直接映射成一个 XML 文档。

通过本章第一节的分析可知道，在水产品冷链物流环节中部署的无线传感网采集的数据格式是已知的，知道将生成一个什么类型的文档，因此，可以先定义出该文档的 XML Schema。通过已知的 XML Schema 和关系模型，结合相应转换模型算法，从而实现数据由关系数据库到 XML 文档的转换。模型驱动的映射过程如图 6-15 所示。

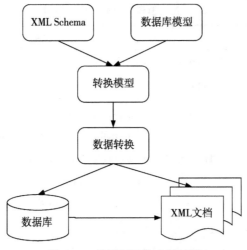

图 6-15　模型驱动的映射过程

XML 模型与关系模型比较而言，XML 是一种树状模型结构，逻辑单元中表现为节点，包括根节点、父节点、子节点等，物理单元有元素节点、属性节点和文本节点等；而关系模型则是扁平结构，逻辑单元表现为表、元组、列、主键和外键等（康晓兵，2004）。

下面将分别对关系模型和 XML Schema 模型进行定义，并根据映射方式定义出映射模型，最后结合映射模型实现数据由关系数据库到 XML 文档的映射转换。

2. 映射模型基本定义

为了实现数据库到 XML 文档直接的映射关系，本小节结合史晔翎（2009）和周竞涛（2003）论文中提出的关系数据到 XML Schema 文档的映射模型，根据实际项目的需要，将模型进行简化并进行了实际应用。下面将分别对关系数据和 XML Schema 进行简单的模型定义。

【定义 6-1】关系模型

关系模型是指用二维表的形式表示实体和实体间联系的数据模型。设 R 代表关系模式，可以定义为五元组 $R=(T_r, C_r, F_r, PK, FK)$，其中关系模型的符号、含义及其关系如表 6-10 所示。

表 6-10　关系模型的符号、含义及其关系

符号	含义	关系
T_r	所有关系表 T 的有限集	$T_r \subseteq T$，$t \in T_r$
C_r	表中列名的有限集	$c \in C_R$
F_r	定义列中数据值的约束	$F_r(c) = (t, u, n, d, f)$；$t \in T_r$； $u =$ nullable \ not_nullable（定义值是否唯一） $n =$ nullable \ not_nullable（定义能否为空） d：定义 c 的值域； f：定义了 c 的默认值。
PK	主键约束	$PK(t) \subseteq CR(t)$
FK	表之间的外键约束	$C_i \subseteq C_j$

依据 W3C 的定义，定义一个 XML Schema 的简化模型。下面给出 XML 中的一些基本元素的定义如下，作为 Schema 模型定义的前提：Namespace 的集合 NS。

①内置简单类型的集合 ST，如 xs：string 等。

②属性声明的集合 A，对 $\forall a \in A$，属性声明 $a = (n, t, u)$ 其中，n 为属性名；t 为属性的类型，$t \in ST$；u 为属性的出现约束，值为 prohibited、optional 或 required。

③元素声明的集合 E，对 $\forall e \in E$，元素声明 $e = (n, t, O_{\min})$，其中，n 为元素名；t 为元素类型，$t \in CT \cup ST$，CT 的定义见④；$O_{\min}$ 是元素的最少出现次数，如未定义则取值为 ε。

④复杂类型定义的集合 CT，对 $\forall t_c \in CT$，$t_c = CT(n, A_{tc}, E_{tc})$，其中，$n$ 为元素名，匿名定义时，自动分配一个；A_{tc} 为此类型定义所使用的属性声明集合；E_{tc} 是 t_c 所包含子元素的元素声明集合。

【定义 6-2】XML Schema 模型

XML Schema 模型 S 定义为六元组，$S = (n_s, E_s, A_s, ST, CT_s, r)$，其中，XML Schema 模型的符号、含义及其关系如表 6-11 所示。

表 6-11　**XML Schema 模型的符号、含义及其关系**

符号	含义	关系
n_s	s 的目标命名空间	$n_s \in N_s$
E_s	n_s 中元素声明的集合	$E_s \subseteq E$，$e = (n_s, n, t, O_{\min})$
A_s	n_s 中复杂元素类型定义使用的属性声明集合	$A_s \in A$，对 $\forall a \in A_s$，有 $\exists t_c \in CT \wedge a \in t_c . A_{tc}$ $a = (n_s, n, t, u)$
ST	内置简单类型的集合	
CT_s	命名空间 n_s 中所有元素使用的复杂类型定义的集合	$CT_s \subseteq CT \wedge \forall t_c \in CT_s，t_c . n_s = S . n_s$ $t_c = (n_s, n, A_{tc}, E_{tc})$
r	命名空间 n_s 中根元素的声明	$r \in E_s$

关系模式到 XML Schema 的映射关系分为如下 3 个类别：关系列与 XML 属性间的映射关系；关系列与简单类型元素间的映射关系；关系表与复杂类型元素间的映射关系。根据关系模型的特点，关系数据库到 XML 文档的模型的映射主要分为两个部分：一个是表映射；另一个是参照约束映射（周竞涛，2003）。

①表映射是指对数据库中表结构和相关属性到 XML Schema 的映射，包括对表名与 XML Schema 根节点的映射；表中列元素（C_r）与 XML Schema 中简单元素（ST）的映射；表 $T_r(C_r, F_r)$ 与复杂类型元素（CT_s）的映射。

②参照约束映射包括主键约束和外键约束在 XML Schema 中的映射。主键和外键主要维护关系数据库的完整性。

主键唯一标识一条记录，不能有重复的，不允许为空。key 约束的值唯一地标识了对应 XMLSchema 中一个元素在 XML 文档中的每一行数据。对于映射来说，key 约束就是对关系的主键约束的映射。某一表的外键是另一表的主键，在 XML Schema 的 keyref 约束相当于关系模式中的外键约束，keyref 必须参照 key 约束或 unique 约束。XML Schema 中，key 所代表的元素或属性的值组成一个集合，可以通过 keyref 来限定另一个元素或属性的值必须在这个集合中。

【定义 6-3】映射模型

定义七元组为 $M = (R, S, Ma, Mc, Mt, \triangledown, \triangle)$，其中映射模型的符号、含义及其关系如表 6-12 所示。

表 6-12　映射模型的符号、含义及其关系

符号	含义	关系
R	代表关系模式	$R=(T_r, C_r, F_r, PK, FK)$
S	XML Schema 模型	$S=(n_s, E_s, A_s, ST, CT_s, r)$
Ma	关系列与属性间映射关系的集合	$\forall m_a \in M_a$，有 $m_a=(c, a) \wedge c \in C_r \wedge a \in As$
Mc	关系列与简单类型元素间映射关系的集合	$\forall m_c \in M_c$，有 $m_c=(c, e) \wedge c \in C_r \wedge e \in Es \wedge e.t \in ST$
Mt	关系表与复杂类型元素间映射关系的集合	$\forall mt \in Mt$，有 $mt=(t, e) \wedge t \in T_r \wedge e \in Es \wedge e.t \in CTs$
$\bigtriangledown$	M 中映射关系的来源关系表约束的集合	$\bigtriangledown = \{sc(mt, \{Ci \subseteq Di\})\}$，其中，$C_i \in C_R(mt.t)$；$Di$ 是 C_i 可取值的有限集合
$\triangle$	对 M_t 中映射之间的关联约束的集合	对 M_t 中的 $mt1$ 和 $mt2$，当 $mt2.e$ 是 $mt1.e$ 的子元素时，$mt1$ 对 $mt2$ 的来源关系表的约束：$\triangle = [rc(mt1, mt2, \{c_j \subseteq c_i\})]$，其中，$c_i \in C_R(mt1.t) \wedge c_j \in C_R(mt2.t)$

3. 映射算法

有了数据库的关系模型，XML Schema 模型及映射模型后，下一步就是实现模型之间的映射。关系表分为表头和表体，表头是属性名的集合 C，表体是 n 元向量 τ 的集合，$\tau = (a_1, a_2, \cdots, a_n)$，且 τ 在每个属性分量的取值 $a_i = \tau[c_i]$，都有 $a_i \in R(c_i)$。设 D 的关系模式为 $R = (T_r, C_r, F_r, PK, FK)$，目标 Schema $S=(n_s,$

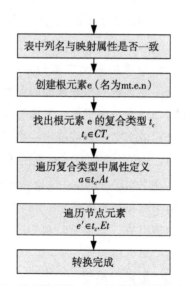

表中列名与映射属性是否一致

创建根元素 e（名为mt.e.n）

找出根元素 e 的复合类型 t_c
$t_c \in CT_s$

遍历复合类型中属性定义
$a \in t_c.At$

遍历节点元素
$e' \in t_c.Et$

转换完成

图 6-16　关系数据到 XML 文档的映射算法流程 1

$E_s, A_s, ST, CT_s, r)$ 和映射实例 $M=(R, S, Ma, Mc, Mt, \bigtriangledown,$

△）。图 6-16、图 6-17 是关系数据到 XML 文档的映射算法流程（史晔翎，2009）。①

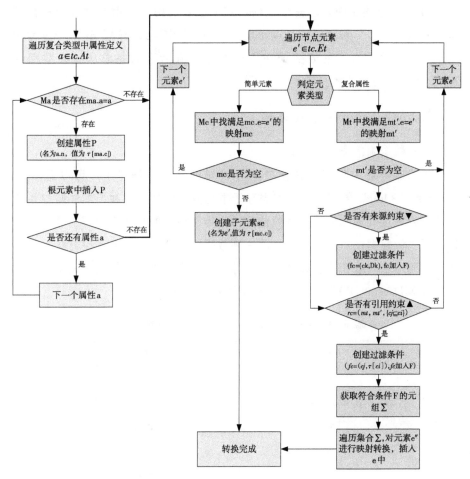

图 6-17 关系数据到 XML 文档的映射算法流程 2

流程图将表映射和参照约束映射集合到一个图中。遍历复合类型属性元素的过程实际就是将表数据映射到文档中。遍历节点元素时则分为了两种类型：表中没有约束关系情况和表中有约束关系的情况。若表中设有主键约束，则生成相应的约束过滤条件对相应列的数据进行过滤后插入 XML 中；若表中设有外键约束，则更具外键约束的来源表，并按照映射步骤对此表数

---

① 图 6-16、图 6-17 引自史晔翎，黎建辉. 基于 XML 的异构数据库集成技术［J］. 计算机工程，2009，35（7）：35—51。

据重新进行映射处理，将转换成的元素和元素值作为复合类型插入被约束表对应的外键约束节点内。

图 6-16 描述了映射的整个过程，其中主要的两个步骤是"遍历符合类型中的属性定义"和"遍历节点元素"。图 6-17 中详细描述了这两个过程的实现方式。数据库中的表数据在执行上述步骤后可以完成从关系数据到 XML 文档的映射转换。

4. XML Schema 模式文档

（1）数据源信息存储模式

传感器采集的数据经转换处理后将先存储在数据库中，可以是 SQL Sever 或者 Oracle 数据库。数据先存于本地数据库中，有利于本地监控系统对数据的直接处理和使用，按照传感器上传的数据帧格式设计了相应的表结构。每一帧数据便可以作为表中的一项数据内容，因此，对传感器数据的存储只需要一个表，而不会涉及多个表的相互关系，表的结构较为简单。关系数据表 MDA300_TABLE 的结构设计如表 6-13 所示。

表 6-13　关系数据表 MDA300_TABLE 的结构设计

序号	列名	数据类型
1	amtype	decimal（18，0）
2	amgroup	decimal（18，0）
3	nodeid	decimal（18，0）
4	parent	decimal（18，0）
5	socketid	decimal（18，0）
6	boardid	decimal（18，0）
7	packetid	decimal（18，0）
8	voltage	decimal（18，0）
9	humidity	decimal（18，0）
10	temperature	decimal（18，0）
11	adc0	decimal（18，0）
12	adc1	decimal（18，0）
13	adc2	decimal（18，0）

续表

序号	列名	数据类型
14	date	datetime
15	id	int

（2）XML Schema 模式文档的设计

XML Schema 是基于 XML 的 DTD 替代者，用于描述 XML 结构、约束等因素的语言。XML Schema 定义了文档的元素、属性、子元素的顺序、数量和数据类型。元素的模式定义是 XML Schema 的核心，分为简单类型元素和复杂类型元素。简单类型元素是指不嵌套任何子元素的元素或属性，只包含文本的元素。简单类型元素即在 XML Schema 内置的数据类型（布尔、字符串等）基础上或其他自行定义的定制类型，通过 restriction、list、uninn 方式定义新的数据类型。简单元素类型可拥有指定的默认值或固定值。复合元素是指包含其他元素或属性的 XML 元素。根据 XML Schema 中元素的定义机制，复杂类型元素提供了一种功能强大的复杂数据类型定义机制，可以实现包括结构描述在内的复杂的数据类型的定义，包括空元素等（王伟良，2007）。

通过对数据类型的支持：XML Schema 可更容易地描述允许的文档内容；更容易地验证数据的正确性；更容易地与来自数据库的数据一并工作；更容易地定义数据约束（Data facets）；更容易地定义数据模型（或称数据格式）；更容易地在不同的数据类型间转换数据。XML Schema 的功能可以用图 6-18 给出直观的理解。

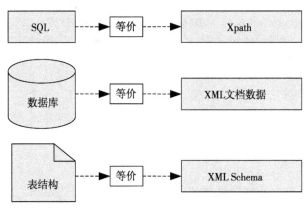

图 6-18　关系数据库与 XML 的对应关系示例

　　传感器上传的数据主要包括传感器本身数据包的相关信息，采集的模拟/数字信息，温度、电压等相关信息。根据对数据源的分析，这些数据信息和数据类型可以在 XML Schema.xsd 文档中进行统一的数据格式规定如下。

```
<?XML version="1.0" encoding="utf-8"?>
<xs:schema id="XMLSchema"
targetNamespace="http://tempuri.org/XMLSchema1.xsd"
elementFormDefault="qualified" XMLns="http://tempuri.org/XMLSchema1.xsd"
XMLns:mstns="http://tempuri.org/XMLSchema1.xsd"
XMLns:xs="http://www.w3.org/2001/XMLSchema">
    <xs:element name="MDA300">
    <xs:complexType name="complexType">
        <xs:sequence>
            <xs:element name=" amtype" type="xs:decimal" minOccurs="1"/>
            <xs:element name=" amgroup" type="xs:decimal"
minOccurs="1"/>
            <xs:element name="nodeid" type="xs:decimal" minOccurs="1"/>
            <xs:element name="parent" type="xs:decimal" minOccurs="1"/>
              <xs:element name="socketid" type="xs:decimal"
minOccurs="1"/>
            <xs:element name="boardid" type="xs:decimal" minOccurs="1"/>
            <xs:element name="packetid" type="xs:decimal" minOccurs="1"/>
            <xs:element name="voltage" type="xs:decimal" minOccurs="1"/>
            <xs:element name="humidity" type="xs:decimal" minOccurs="1"/>
            <xs:element name="temperature" type="xs:decimal"
minOccurs="1"/>
            <xs:element name="adc0" type="xs:decimal" minOccurs="1"/>
            <xs:element name="adc1" type="xs:decimal" minOccurs="1"/>
            <xs:element name="adc2" type="xs:decimal" minOccurs="1"/>
            <xs:element name="ID" type="xs:int" minOccurs="1"/>
            <xs:element name="date" type="xs:dateTime" minOccurs="1"/>
        </xs:sequence>
    </xs:complexType>
     </xs:element>
</xs:schema>
```

5.数据映射转换应用

　　根据上面对关系数据模型和 XML Schema 模型的定义，结合映射模型对中间件采集后存入数据库中的数据映射到 XML 文档。

根据 XML Schema 模型的定义描述，得到上述 XML Schema 模式文档的模型算法如下。

```
S=(ns, Es, As, ST, CTs, r)
ns= http://tempuri.org/XMLSchema1.xsd
Es={ MDA300(ns,"MDA300", complexType,ε),amtype (ns,"amtype",decimal,1),
     amgroup (ns,"amgroup",decimal,1),nodeid (ns,"nodeid",decimal,1),
     parent (ns,"parent",decimal,1),socketid (ns,"socketid",decimal,1),
     boardid (ns,"boardid",decimal,1),packetid (ns,"packetid",decimal,1),
     voltage (ns,"voltage",decimal,1),humidity (ns,"humidity",decimal,1),
     temperature (ns,"temperature",decimal,1),
     adc0 (ns,"adc0",decimal,1),adc1 (ns,"adc1",decimal,1),
     adc2 (ns,"adc2",decimal,1),ID (ns," ID", int,1),
     date (ns," date", dateTime,1)}
As=φ
CTs={complexType(ns,"complexType",{},{amtype,amgroup,nodeid,parent,socketid,
     boardid,packetid,voltage,humidity,temparature,adc0,adc1,adc2,ID,date})}
r= MDA300
```

该中间件设计中，根据表 MDA300_TABLE 的设计，由于该表 FK 为空集，且不存在另一个表使得 $PK_i = FK_i$，因此 MDA300_TABL 为独立表。其相应的关系模型算法如下。

```
Rmda=(Tr, Cr, F, PK, FK)。
Tr={ MDA300_TABLE};
Cr(MDA300_TABLE)={ amtype,amgroup,nodeid,parent,socketid,boardid,packetid,
                   voltage,humidity,temparature,adc0,adc1,adc2,ID,date };
F(MDA300_TABLE.amtype)=F(MDA300_TABLE.amgroup)=F(MDA300_TABLE.nodeid)
     =F(MDA300_TABLE.parent)=F(MDA300_TABLE.socketid)
     =F(MDA300_TABLE.boardid) =F(MDA300_TABLE.packetid)
     =F(MDA300_TABLE.voltage)=F(MDA300_TABLE.humidity)
=F(MDA300_TABLE.temparature)=F(MDA300_TABLE.adc0)
=F(MDA300_TABLE.adc1)= F(MDA300_TABLE.adc2)
= {decimal, unique, not_nullable, ε, ε};
PK=φ;
FK=φ;
```

根据映射模型的定义，表 MDA300_TABLE 和 ML Schema. xsd 文档之间的映射模型算法如下。

```
M=(R,S,Ma,Mc,Mt, ▽, △)
Ma=φ
Mc={mcMm(MDA300_TABLE.amtype,amtype),mcMm(MDA300_TABLE.amgroup,amgroup),
    mcMm(MDA300_TABLE.nodeid,nodeid),mcMm(MDA300_TABLE.parent,parent),
    mcMm(MDA300_TABLE.socketid,socketid),
    mcMm(MDA300_TABLE.boardid,boardid),
    mcMm(MDA300_TABLE.packetid,packetid),
    mcMm(MDA300_TABLE.voltage,voltage),
    mcMm(MDA300_TABLE.humidity,humidity),
    mcMm(MDA300_TABLE.temparature,temparature),
    mcMm(MDA300_TABLE.adc0,adc0),mcMm(MDA300_TABLE.adc1,adc1),
    mcMm(MDA300_TABLE.adc2,adc2)}
Mt={mtM(MDA300_TABLE, MDA300)}
▽=φ
△=φ
```

对于算法中数据，属性名的集合

$C = \{$ amtype, amgroup, nodeid, parent, socketid, boardid, packetid, voltage, humidity, temparature, adc0, adc1, adc2, id, date $\}$;

$\tau = (a_1, a_2, \cdots, a_n) = (11, 125, 1, 51, 129, 134, 0, 2653, 27, -18.00, 2334, 2227, 2608, 2010-12-22\ 22:15:28, 24)$;

经过执行算法的数据映射步骤后，表 MDA300_TABLE 中数据如下。

```
<?XML version="1.0" encoding="utf-8" ?>
<MDA300>
    <amtype>11</amtype>
    <amgroup>125</amgroup>
    <nodeid>1</nodeid>
    <parent>51</parent>
    <socketid>129</socketid>
    <boardid>134</boardid>
    <packetid>0</packetid>
    <voltage>2653</voltage>
    <humidity>27</humidity>
    <temperature>-18.00</temperature>
    <adc0>2334</adc0>
    <adc1>2227</adc1>
    <adc2>2608</adc2>
    <data>2010-12-22 22:15:28</data>
    <id>1</id>
</MDA300>
```

　　综上所述，本节主要分析了基于 XML 的数据交换中间件关键技术的实现方法。数据交换中间件处于无线传感器网与应用层之间，中间件内的关键技术实现包括数据帧的完整接收、数据的处理及基于 XML 的数据映射转化。数据帧解帧算法根据实际数据帧的传输情况，借助状态机对数据接收过程进行流程化的分析描述，实现对有效数据帧的完整接收。接收数据帧后，数据将送往数据处理线程进行数据格式转换及数据值的提取和转换。本节还详细分析了基于 XML 的数据交换算法设计。通过对关系数据库及 XML Schema 模式分析，定义了数据交换的映射模型。通过分析数据帧进入数据库内的表结构及对 XML Schema 模式，使用设计的映射模型可以将数据库中表内的信息转换为 XML 文档。

第三节　可追溯感知数据交换中间件的实现

　　第二节介绍了利用基于 XML 的数据交换中间件的设计与体系结构，并详细介绍了中间件中数据的处理过程，及数据在关系数据库与 XML Schema 模型之间的转换映射的实现技术。这一节将具体实现该中间件，并将中间件应用到实际系统中。

一、中间件开发环境

　　在本中间件的设计中，中间件程序需要对数据库、XML 及串口数据等进行处理，而 .Net framework 平台提供了丰富的类库，能让程序开发者方便地调用相关函数进行相应地处理。因此，本书选择使用 .Net framework 平台下的 C#语言进行中间件的开发。图 6-19 为 .NET Framework 的体系结构，通过 .Net framework 提供的 ADO. NET and XML 处理接口，可以方便地实现数据库的操作及 XML 文档的处理。

　　本书选择使用的数据库 SQL Server 2005 是一个关系数据库管理系统，并且 SQL Server 2005 引入了使用 Microsoft. NET 语言来开发数据库目标的性能。

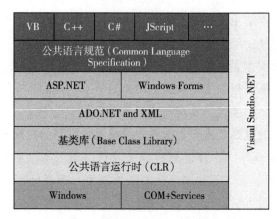

图 6-19 . NET Framework 的体系结构

二、中间件主要功能模块实现

1. 传感器数据处理实现

传感器数据处理实现部分主要包括的是 3 个方面的内容：数据接收、数据处理及数据存储。整个传感器数据处理实现的流程如图 6-20 所示。

（1）数据接收

根据上述数据接收部分的分析，MIB520 上传数据给上位机的方式为串口通信的方式。因为现在大多数硬件设备均采用串口技术与计算机相连，使串口的应用程序开发越来越普遍。在. NET Framework 2.0 类库提供了 SerialPort 类，方便地实现了所需要串口通信的多种功能。SerialPort 类包含在 System. IO. Ports 命名空间中，它提供了同步 I/O 和事件驱动的 I/O、对管脚和中断状态的访问及对串行驱动程序属性的访问。

在程序从串口接收数据时，需要事先确定串口所用的端口号、上传波特率及是否有奇偶校验位。通常使用 SerialPort 类所定义的相关初始化信息对串口进行初始化。由于上位机接收数据时串口不知道数据何时到达，因此需要监听串口，等待数据到达。在 C#中有两种方法可以实现 C#串口监听之串口数据的读取：①用线程读串口；②用事件触发方式实现。但由于线程读串口的效率不是十分高效，因此，比较好的方法是事件触发方式。在 SerialPort 类中有 DataReceived 事件，当串口的读缓存有数据到达时则触发 Data-

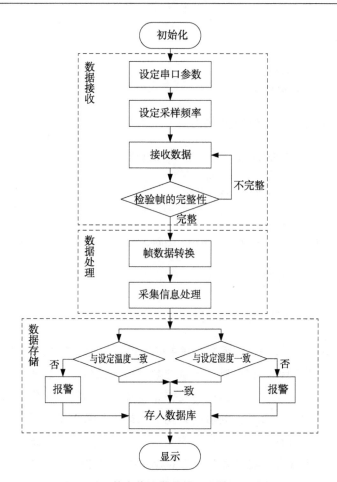

图 6-20 整个传感器数据处理的实现流程

Received 事件，其中 SerialPort. ReceivedBytesThreshold 属性决定了当串口读缓存中数据多少个时才触发 DataReceived 事件，默认为 1。

从 SerialPort 对象接收数据时，将在辅助线程上引发 DataReceived 事件，该事件产生时，将数据放在一个共用缓冲区中，然后，向主线程的消息队列中发送一个消息，主线程处理这个消息时，就从共用缓冲区内取出数据，再引发一个与主线程同步的 DataReceived 事件。当然，共用缓冲区访问时需要加锁，以防止两个线程冲突。

（2）数据处理

该部分功能实现对接收到的数据帧中的信息进行处理，通过如下已指定的数据处理算法实现。

```
for (int i = 0; i < 32; i += 2)
{
    hi =(int) dataarray[i];
    lo = (int)dataarray[i + 1];
    transmit();
    finaldata[i / 2] = (double)final;
}
finaldata[7]=1252352/finaldata[7];   // 电压的处理
rvoltage = finaldata[7];   // 温度的处理
finaldata[9] = 0.01 * finaldata[9] - 39.6;
rtemperature = finaldata[9];   // 湿度的处理
double hum=finaldata[8];
finaldata[8]=(0.01 * hum − 64.6) * (0.01 + 0.00008 * hum) − 4 + 0.0405 * hum − 0.0000028 *
hum * hum;
rhumidity=finaldata[8];
```

2. 数据与 XML 文档映射实现

ADO. NET 是.Net 框架类库提供的一组类，是支持数据库应用程序开发的数据访问中间件，它提供了丰富的数据访问接口，可有效访问各种数据源。DataSet 是 ADO. NET 提供的支持非连接模式的核心对象，它基本上被设计成不与数据源一直保持联机的架构。它通过与数据库关联、命令、参数等实现数据源的查询，并将结果填充到 DataSet 中，以便在断开与数据库的联系后可通过 DataSet 实现对数据源的独立访问（张红，2011）。DataSet 支持多种异构数据源或 XML 数据，DataSet 的内部是用 XML 来描述数据的，因此，包装中的虚拟数据库可以由 ADO. NET 装配件中的 DataSet 来实现。在进行异构数据集成时，数据实际上是以 XML 形式在网间传递的；以 Web 服务作为接口层的主要作用是创建数据集（即 DataSet）、填充源异构数据到 DataSet 中和集成 DataSet 中的数据到目的数据源（陈家俊，2010）。

ADO. NET 的架构如图 6-21 所示。

ADO. NET 对象中有 Connection 对象、DataReader 对象、Command 对象、DataAdapter 对象及 DataSet 对象 5 个主要的组件。Connection 对象主要负责连接数据库，DataReader 对象负责读取数据库中的数据，Command 对象负责生成并执行 SQL 语句，DataAdapter 对象负责在 Command 对象执行完 SQL 语句后生成并填充 DataSet 和 DataTable，而 DataSet 对象主要负责存取和更新数据。在这些对象中最主要的是 DataAdapter 对象，它

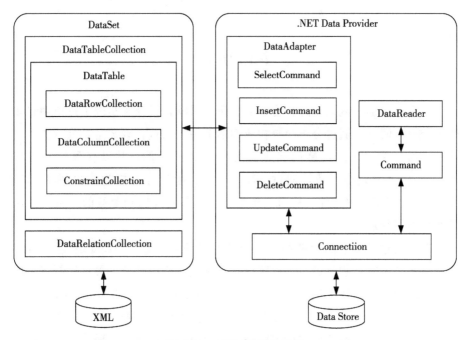

图 6-21　ADO. NET 的架构

作为 DataSet 与数据源之间的桥梁，负责将数据源中的数据取出后植入 DataSet 对象中，以及将数据存回数据源的工作（仇新红，2010）。

类型化 DataSet 是 System. Data. DataSet 的生成子类，是基于 XSD 架构的。当把 XSD 文件加载到 DataSet 时，DataSet 会根据在 XSD 架构中描述的数据结构生成表、关系和约束。这种关系的表示并没有捕获 XSD 文件所表示的所有细节，而是仅使用了在关系模型中构造表、列、数据类型、唯一约束和外键所必需的信息。XSD 架构可以作为独立的 XSD 文件存在，或作为 XML 数据文件中的数据之前的内联架构。类型化 DataSet 的过程为 4 个步骤，分别是：①在配置文件编写连接各类数据库的相关配置语句，本例在相应的 Sysconfig. XML 配置文件中添加信息，以实现在服务中实现对数据库的动态访问；②在 C#中创建 Sysconfig. cs 类实现对 Sysconfig. XML 中数据源信息的获取；③将 XML Schema. xsd 文档加载到 DataSet 中；④向 DataSet 中填入数据库中数据。

本章小结

本章以冷链物流运输过程为实例和研究对象，设计和实现了可追溯感知数据交换中间件。通过分析冷链物流中的关键控制点，确定需要进行监控的环节；通过使用无线传感网实现温湿度信息的监控，并以有限状态机和XML 等技术为处理手段，通过 . Net 开发环境设计冷链物流过程中基于XML 的数据交换中间件，从而实现对温度、湿度等感知参数的采集、存储和数据映射转换。

首先通过对水产品冷链物流业务流程分析，结合 HACCP 原理分析方法，对水产品冷链物流进行了危害分析，确定了物流环节中关键控制点。例如，在捕捞水产品冷链物流过程中，需要对温度进行感知和监控的环节是"捕捞地→加工场→水产品加工过程→水产品冷藏室储藏→仓库→销售地"。需要在这些环节中部署无线传感网络，实现温湿度信息的全程感知，提高冷链物流管理水平，减少温度变化带来的水产品质量损失影响。其次分析了MIB520 数据交换特点，通过多线程处理技术将数据帧的处理过程分为了数据帧解帧和数值转换。利用有限状态机原理形式化地描述了整个解帧流程，达到了优化解帧流程的目的。通过对关系数据库和 XML Schema 的模型定义，分析由关系数据库到 XML 文档的数据映射，利用模板驱动的方式，设定映射转换模板，从而数据由关系数据库到 XML 文档的映射转换，为数据交换和数据网路共享提供基础。最后在 .NET 开发环境下，通过使用 C# 与SQL Sever 2005 实现了中间件的数据接收、数据处理，以及数据由关系数据库到 XML 文档的映射转换。

第四篇

知 识 工 程

第七章　面向模式基元的生鲜农产品 供应链兼容建模方法

生鲜农产品质量安全可追溯系统建立在两类动态数据上：一是表征生鲜农产品供应链环境和品质信息的感知数据；二是表征作为追溯单元的生鲜农产品在种植、养殖、加工、流通等阶段转化过程的结构数据。第二篇、第三篇研究论述了感知数据的采集方法与时域压缩方法，本章和第八章研究面向可追溯系统中的结构数据处理。

生鲜农产品质量安全可追溯系统的本质是利用信息技术等手段，改善生鲜农产品供应链质量安全信息不对称的服务系统，对于政府和社会公众是增进社会福利，降低外部性的公益性系统；对于企业则是通过自动化、智能化手段，改善生鲜农产品质量安全事件处理能力、提高供应链管理水平的决策支持系统。

不同的用户角色对可追溯系统功能需求不同，决定了可追溯系统应具有不同的输出数据粒度：对于政府和社会公众，可追溯系统用于明确生鲜农产品质量安全的责任主体，对这类功能，要求输出的数据粒度较粗；对于生鲜农产品生产企业，可追溯系统用于通过对系统持续运行产生的海量数据的模式识别、数据挖掘与知识发现等手段，抽取出用于改善供应链管理水平和生鲜农产品质量安全管理水平的信息和知识，这就要求输出的数据粒度较细。

数据粒度的确定取决于质量安全关键点的识别，而质量安全关键点的识别与生鲜农产品供应链的流程建模有关。在现有的生鲜农产品质量安全可追溯系统中，流程建模方法决定了系统不可能输出分级的粒度数据，即一套可追溯系统无法同时满足政府监管者、社会公众和生鲜农产品生产企业的需求，这也是阻碍生鲜农产品可追溯系统实用性的重要障碍。

针对这一问题，本章首先解决规范、一致、兼容的生鲜农产品供应链流程建模问题：基于结构模式识别理论，在 GS1 全球可追溯标准的框架内，识别生鲜农产品供应链中可追溯单元转化的模式基元；在模式基元选择的基础上，完成模式基元的逻辑结构向关系数据库存储结构的一一映射，实现面向模式基元的生鲜农产品供应链流程分解和流程建模。

第一节　基于改进 GS1 全球可追溯标准的模式基元选择

将一个复杂模式分解成若干个子模式，并最终分解成最简单、不可分的子模式称为模式基元（汪增福，2010）。建立模式基元对于充分利用模式中的结构信息、降低模式识别中的数据维度和数据处理复杂程度具有重要意义，目前已经在手写字符的识别（毕厚杰 等，1990）、图像检测（危辉 等，2007；危辉 等，2000）、图像跟踪（王忠学 等，1996）、气象预测（陈静，2002）等结构模式识别领域实用。若将生鲜农产品供应链的信息追溯过程，视为对生鲜农产品供应链的结构模式进行识别的过程，则可以把这个生鲜农产品供应链的结构信息，视为由若干模式基元按照一定规则有序组合而成的。而完成这一工作的前提是选择一组适宜的模式基元，一致、高效地表达生鲜农产品质量安全可追溯信息。

GS1 全球可追溯标准为供应链定义了 3 个数据采集点：接收、内部处理和派出，其中内部处理包括移动、转化、存储、使用和销毁 5 个谓词，因此，可以认为 GS1 全球可追溯标准是一个七谓词集合。对于 GS1 关心的全球贸易中的链上（外部）追溯而言，这种定义是适用的。但由于这一七谓词集合：①不能与内部追溯的追溯单元转化建立映射关系；②不能与信息系统数据存储的逻辑结构建立映射关系，因此，就不足以成为表达复杂生鲜农产品供应链结构信息的模式基元。

本书在以下方面改进 GS1 全球可追溯标准的谓词集合：①继承原有的"接收""派出"与内部处理中的"移动""销毁"；②将"转化"细分为"生成""构造""解构""修饰""修剪"，满足追溯单元转化关系和数据存储逻辑结构的一一映射关系；③增加"依附"和"剥离"，实现可递归的生鲜农产品追溯单元的层次化关联；④增加"探测"，满足生鲜农产品的动态质量管理特征；⑤剔除"使用"和"存储"，这 2 个谓词的逻辑过程由现有谓词的有序组合表示。

由此建立了一组由接收、派出、生成、销毁、构造、解构、修饰、修剪、依附、剥离、移动和探测这 12 个谓词组成的，对生鲜农产品供应链结构信息进行描述的模式基元。这些基元：①表示了不同的追溯单元转化的逻辑关系；②可以与信息系统的逻辑数据存储建立一一映射；③其谓词代表了不可再分的基本操作过程。12 个模式基元的定义见［定义 7-1］至［定义 7-12］。12 种模式基元对应在生鲜农产品供应链中的实例如表 7-1 所示。

【定义 7-1】接收：追溯单元越过供应链主体边界，由原材料、半成品或最终产品形式进入主体内部的追溯过程。

【定义 7-2】派出：追溯单元越过供应链主体边界，脱离主体内部追溯过程并向其他主体转移。

【定义 7-3】生成：追溯单元在供应链主体边界内出现，由原材料、半成品或最终产品形式进入主体内部追溯过程。

【定义 7-4】销毁：追溯单元在供应链主体边界内消失，脱离主体内部追溯过程。

【定义 7-5】构造：多个追溯单元组合为一个追溯单元，改变追溯单元标识。

【定义 7-6】解构：一个追溯单元分解为多个追溯单元，改变追溯单元标识。

【定义 7-7】修饰：一个追溯单元与客体结合，不改变追溯单元标识。

【定义 7-8】修剪：一个追溯单元与客体分离或被施处理，不改变追溯单元标识。

【定义 7-9】依附：一个追溯单元被包含于另一个追溯单元，对后者所施处理视为无差异的施于前者。

【定义 7-10】剥离：一个追溯单元不再被包含于另一个追溯单元。

【定义 7-11】移动：一个追溯单元的物理位移。

【定义 7-12】探测：取得一个追溯单元某方面的属性值。

表 7-1　12 种模式基元在生鲜农产品供应链中的实例

序号	模式基元	追溯单元标识变化	追溯单元映射关系	实例
1	接收	变化	1 对 1	①牛肉香肠工厂采购一批冷鲜肉； ②水产养殖场购入一批鱼苗
2	派出	变化	1 对 1	①水产养殖场销售一批半滑舌鳎； ②水产加工厂销售一批速冻罗非鱼片

续表

序号	模式基元	追溯单元标识变化	追溯单元映射关系	实例
3	生成	不变	0 对 1	①农民从水渠汲水，用于农田灌溉； ②水产养殖场净化海水，用于半滑舌鳎养殖
4	销毁	不变	1 对 0	①水产养殖场淘汰生长异常的半滑舌鳎； ②水产加工厂销毁金属探测报警的速冻罗非鱼片
5	构造	变化	多对 1	①牛肉香肠工厂用冷鲜肉、香料和肠衣灌装牛肉香肠； ②多池半滑舌鳎并池
6	解构	变化	1 对多	①胴体二分体分割为四分体； ②一批半滑舌鳎分池
7	修饰	不变	1 对 1	①使用一批包装材料对一批净菜进行预包装； ②使用一批饲料投喂一批半滑舌鳎
8	修剪	不变	1 对 1	①屠宰场去除胴体内脏和表皮； ②使用隧道式单冻机速冻罗非鱼片
9	依附	不变	1 对 1	①一头肉牛转入一间牛舍； ②一批速冻罗非鱼片进入冷冻库保存
10	剥离	不变	1 对 1	①一头肉牛转出一间牛舍； ②一批速冻罗非鱼片转出冷冻库
11	移动	不变	1 对 1	①一头肉牛在一间牛舍内转换位置； ②一批速冻罗非鱼片在冷库内转换位置
12	探测	不变	1 对 1	①采集一批速冻罗非鱼片中心温度； ②采集一个半滑舌鳎养殖池溶解氧浓度

第二节　面向模式基元的可追溯数据存储结构设计

1.关系运算符号与法则

为便于数据存储结构进行形式化的描述，引入关系运算符号与法则。

1）设关系模式的形式化定义为 $R(A_1, A_2, \cdots, A_n)$，它的一个关系

为 R。$t \in R$，表示 t 为 R 的一个元组。$t[A_i]$ 表示元组 t 中对应于属性 A_i 的分量。

2）设 R 为 n 度关系，S 为 m 度关系。$t_r \in R$，$t_s \in S$。$t_r t_s$ 称为元组的一个连接，表示有 $(m+n)$ 个列的元组，其中前 n 个分量是 R 中的元组，后 m 个分量是 S 中的元组。

3）给定一个关系 $R(X, Z)$，X 和 Z 为属性组。当 $t[X]=x$ 时，x 在 R 中的象集（Images Set）为

$$Z_x = \{t[z] \mid t \in R \wedge t[X] = x\}。 \tag{7-1}$$

表示 R 中属性组 X 上值为 x 的诸元组在 Z 上的分量的集合。

4）选择（Selection）是在关系 R 中选择满足给定条件的诸元组，记作

$$\sigma_F(R) = \{t \mid t \in R \wedge F(t) = '真'\}。 \tag{7-2}$$

$\sigma_F(R)$ 表示由从关系 R 中选出满足条件表达式 F 的那些元组所构成的关系。F 称为选择条件，是逻辑表达式，其值可为"$True$"或"$False$"。F 的基本形式为 $X \theta Y$，θ 表示比较操作符，X，Y 是属性名、常量、函数等，其中属性名也可用序号表示。

选择操作是从行的角度进行的操作，是从关系 R 中选取使逻辑表达式 F 为真的元组。可以把选择操作看作一个过滤器，它仅仅保留那些满足限定条件的元组。

5）投影（Projection）是从 R 中选择出若干属性列组成新的关系，即从列的角度进行的操作，记作

$$\prod_A(R) = \{t[A] \mid t \in R\}。 \tag{7-3}$$

表示从关系 R 取属性名列表 A 中指定的列，并消除重复元组。

6）连接（Join）是从关系的笛卡尔积中，选取满足属性间指定条件的元组，记作

$$R \underset{A\theta B}{\bowtie} S = \{t_r t_s \mid t_r \in R \wedge t_s \in S \wedge t_r[A] \theta t_s[B]\}。 \tag{7-4}$$

其中，A 和 B 分别为 R 和 S 上的属性组，它们的属性个数相等、属性值可比，θ 称为比较操作符。该操作在 R 和 S 的笛卡尔积（$R \times S$）中选取在 A 属性组（R 中）的值与在 B 属性组（S 中）的值满足 θ 比较的元组。等值连接（Equi-Join）和自然连接（Natural Join）是两种常用连接。

①等值连接：从关系 R 与 S 的笛卡尔积中选取 A，B 属性值相等的元组的连接称为等值连接，记作

$$R \underset{A=B}{\triangleright\!\triangleleft} S = \{t_r t_s \mid t_r \in R \land t_s \in S \land t_r[A] = t_s[B]\}。 \tag{7-5}$$

②自然连接：关系 R 与 S 中进行比较的分量必须是相同的属性组，并且结果中不包含重复的属性的连接，记作

$$R \triangleright\!\triangleleft S \equiv \prod_{m_1, m_2, \cdots, m_n} (\sigma_{R.A_1=S.A_1 \land \cdots \land R.A_k=S.A_k} (R \times S))。 \tag{7-6}$$

其中，m_1，m_2，$\cdots$，m_n 是去除 $S.A_1$，$S.A_2$，$\cdots$，$S.A_k$ 属性分量以后 $R \times S$ 的所有分量组成的序列，且与 $R \times S$ 具有相同顺序。由于自然连接需要取消重复列，所以是同时从行和列的角度进行操作，自然连接可被视为特殊的等值连接。

7）赋值：若关系 R 和 S 是相容的，则通过赋值操作可将关系 S 赋给关系 R，记作：$R \leftarrow S$。通常，这里的关系 S 是通过关系代数操作得到的新关系。

8）聚集：聚集是指在关系的值集上指定数学聚集函数。常用的聚集函数，如平均值（avg）、最大值（max）、最小值（min）、求和（sum）及计数（count）等。聚集函数前通常标手写体的 **G**。

2.模式基元的公有、私有与或有数据属性

GS1 全球可追溯标准对可追溯系统的要求是记录 4W1E，即是当事人（Who）、位置（Where）、时间（When）、追溯单元（What）和事件处理（Event），因此，基于 GS1 标准进行模式基元及其存储结构的设计，4W1E 应是 12 类模式基元的公有数据属性。当模式基元的数据结构以关系形式存储时，模式基元的公有数据属性 R_{common} 定义为

$$R_{common} = R(EID, EName, TID, Handler, Time, Location) \tag{7-7}$$

其中，EID 是一个模式基元的唯一实例标识；$EName$ 是一个模式基元的实例名称（Event）；TID 是追溯单元标识（What）；$Handler$ 是操作人员标识（Who）；$Time$ 是一次操作的发生时刻（When）；$Location$ 是一次操作的发生位置（Where）。

由于每一个模式基元都表征一类生鲜农产品供应链上追溯单元转化的逻辑关系，因此在基于模式基元的追溯数据存储结构中，应体现这种逻辑关系。在基于模式基元的存储结构中，以模式基元的私有数据属性表征这类逻辑关系。12 种模式基元的私有数据属性名及其实例如表 7-2 所示。

表 7-2　12 种模式基元的私有数据属性名及其实例

序号	模式基元	私有属性名	实例
1	接收	追溯单元外部标识（Ex_TID）	水产养殖场记录半滑舌鳎饲料批号
2	派出	追溯单元外部标识（Ex_TID）	屠宰场记录真空冷鲜牛肉的追溯码
3	生成	无	
4	销毁	无	
5	构造	输出追溯单元标识（Out_TID）	半滑舌鳎并池后记录新的池号
6	解构	输出追溯单元标识（Out_TID）	胴体劈半后记录 2 个二分体的标识
7	修饰	修饰用物料（Material）	牛肉香肠制作中记录添加的辅料
8	修剪	无	
9	依附	父追溯单元标识（Father_TID）	牛肉分配牛舍后记录牛舍标识
10	剥离	父追溯单元标识（Father_TID）	牛肉从牛舍转出后记录牛舍标识
11	移动	①终止位置（End_Location）；②终止时间（End_Time）	水产品冷链运输过程中记录到达目的地和时间
12	探测	①参数名（Para_Name）；②参数单位（Para_Unit）；③参数值（Para_Value）	对速冻罗非鱼片进行中心温度探测时记录温度、温度值和计量单位

　　以上公有属性、私有属性是 12 种模式基元行使生鲜农产品质量安全可追溯系统的供应链结构建模职能的最小属性集。在具体的系统设计过程中，对应不同企业的信息采集应用需求与采纳的不同生鲜农产品质量安全监管标准，会产生特异性的数据属性。由于这类数据属性会依具体企业、政府的信息需求有所差异，有可能存在，也有可能不存在，或有数据属性，是指可能有的一个数据属性。

　　以农业部《县级农产品质量安全追溯体系建设通用规范》为例，该规范规定了农产品质量安全追溯体系建设的编码规则、追溯流程、节点信息和数据交换格式等基本内容，适用于省（自治区、直辖市和计划单列市）、地市级和县市级农产品质量安全追溯信息平台的建设和维护。依据该规范建立的生鲜农产品可追溯系统中，在畜产品的运输过程中，应记录"道路监督"过程的"车牌号"信息。从追溯单元的转化关系角度分析，"道路监督"是一个修剪模式的实例，而"车牌号"就应是该模式基元在该标准指导的可追溯系统构建中的或有数据属性。

3.可追溯数据的存储结构

以接收模式为例，说明基于模式基元公有、私有与或有数据属性的可追溯数据存储结构。接收模式的可追溯数据存储结构 $R_{receive}$ 是公有数据属性 R_{common}、接收模式的私有数据属性 $R_{receive\_put}$ 和或有数据属性 etc 的自然连接，其形式定义为

$$\begin{cases} R_{receive\_put} = R(EID, \ Ex\_TID, \ etc) \\ R_{receive} = R_{receive\_put} \vartriangleright \vartriangleleft R_{common} \end{cases} \quad 。 \tag{8-8}$$

其中，Ex_TID 为追溯单元的外部标识，etc 为模式基元的或有数据属性。

第三节　面向模式基元的可追溯数据采集算法

由表 7-1 可看出，12 种模式基元按照追溯单元的变化情况和追溯单元映射关系可以分为 6 类。12 种模式基元的类型划分如表 7-3 所示。

表 7-3　12 种模式基元的类型划分

类别	追溯单元标识变化	追溯单元映射关系	模式基元
1	变化	1 对 1	接收、派出
2	变化	多对 1	构造
3	变化	1 对多	解构
4	不变	0 对 1	生成
5	不变	1 对 0	销毁
6	不变	1 对 1	修饰、修剪、依附、剥离、移动、探测

分别以接收、构造、解构、生成、销毁和修饰模式为例，描述各类模式基元的可追溯数据采集算法。接收模式的可追溯数据采集按以下步骤进行：①按约定规则分配一个接收模式的实例标识 eid；②使用该 eid 与模式实例的公有数据属性组成六元组 $\{eid, ename, tid, handler, time, location\}$，将该六元组赋值给公有数据属性关系 R_{common}；③私有数据属性

中的模式实例标识 eid 、追溯单元的外部标识 ex_tid 和或有数据属性 etc 组成三元组 $\{eid，ex\_tid，etc\}$，将该三元组赋值给接收模式的私有属性关系 $R_{receive\_pvt}$；④将 $R_{receive\_pvt}$ 和 R_{common} 通过 eid 建立自然连接关系。具体算法如下。

```
void Receive(ex _tid){
    R_common ← R_common ∪ {eid,'receive',ename,tid,handler,time,location};
    R_receive_pvt ← R_receive_pvt ∪ {eid,ex _tid,etc};
    return;
}
```

　　生成模式的可追溯数据采集按以下步骤进行：①按约定规则分配一个生成模式的实例标识 eid，按约定规则分配一个追溯单元标识 tid；②使用该 eid 、tid 与模式实例的公有数据属性信息组成六元组 $\{eid，ename，tid，handler，time，location\}$，将该六元组赋值给公有数据属性关系 R_{common}；③私有数据属性中的模式实例标识 eid 和或有属性 etc 组成二元组 $\{eid，etc\}$，将该二元组赋值给生成模式的私有属性关系 $R_{generate\_pvt}$；④ $R_{generate\_pvt}$ 和 R_{common} 通过 eid 建立自然连接关系。具体算法如下。

```
void Generate(){
    R_common ← R_common ∪ {eid,'generate',ename,tid,handler,time,location};
    R_generate_pvt ← R_generate _pvt ∪ {eid,etc};
    return;
}
```

　　销毁模式的可追溯数据采集按以下步骤进行：①按约定规则分配一个销毁模式的实例标识 eid；②使用该 eid 与模式实例的公有数据属性组成六元组 $\{eid，ename，tid，handler，time，location\}$，将该六元组赋值给公有数据属性关系 R_{common}；③私有数据属性中的模式实例标识 eid 和或有属性 etc 组成二元组 $\{eid，etc\}$，将该二元组赋值给销毁模式的私有属性关系 $R_{destroy\_pvt}$；④ $R_{destroy\_pvt}$ 和 R_{common} 通过 eid 建立自然连接关系。具体算法如下。

```
void Destroy(tid){
    R_common ← R_common ∪ {eid,'destroy',ename,tid,handler,time,location};
    R_destroy_pvt ← R_destroy _pvt ∪ {eid,etc};
    return;
}
```

构造模式的可追溯数据采集按以下步骤进行：①按约定规则分配一个构造模式的实例标识 eid ，按约定规则分配一个输出追溯单元标识 tid ；②对参与构造模式实例的输入追溯单元列表 $R(TID, etc)$ 中每一个追溯单元，使用 eid 、追溯单元标识 $t_i[TID]$ 与模式实例的公有数据属性组成六元组 $\{eid, ename, t_i[TID], handler, time, location\}$ ，将该六元组赋值给公有数据属性关系 R_{common} ；③私有数据属性中的模式实例标识 eid 、输出追溯单元标识 tid 和或有属性 etc 组成三元组 $\{eid, tid, etc\}$ ，将该三元组赋值给构造模式的私有属性关系 $R_{construct\_pvt}$ ；④ $R_{construct\_pvt}$ 和 R_{common} 通过 eid 建立自然连接关系。具体算法如下。

```
void Construct(R(TID,etc)){
    for(i = 0; i < Gcount(TID)(R(TID,etc)); i++){
        R_common ← R_common ∪ {eid,'construct',ename,t_i[TID],handler,time,location};
    }
    R_construct_pvt ← R_construct_pvt ∪ {eid,tid,etc};
    return;
}
```

解构模式的可追溯数据采集按以下步骤进行：①按约定规则分配一个解构模式的实例标识 eid ，按约定规则分配一组输出追溯单元标识 $t[TID]$ ；②使用该 eid 、追溯单元标识 tid 与模式实例的公有数据属性组成六元组 $\{eid, ename, tid, handler, time, location\}$ ，将该六元组赋值给公有数据属性关系 R_{common} ；③对于 $R(TID, etc)$ 中的每一个输出追溯单元，使用私有数据属性中的模式实例标识 eid 、输出追溯单元标识 $t_i[TID]$ 和或有属性 etc 组成三元组 $\{eid, t_i[TID], etc\}$ ，将该三元组赋值给解构模式的私有属性关系 $R_{deconstruct\_pvt}$ ；④ $R_{deconstruct\_pvt}$ 和 R_{common} 通过 eid 建立自然连接关系。具体算法如下。

```
void Deconstruct(tid){
    R_common ← R_common ∪ {eid,'deconstruct',ename,tid,handler,time,location};
    for(i = 0; i < Gcount(TID)(R(TID,etc)); i++){
        R_deconstruct_pvt ← R_deconstruct_pvt ∪ {eid,t_i[TID],etc};
    }
    return;
}
```

修饰模式的可追溯数据采集按以下步骤进行：①按约定规则分配一个修

饰模式的实例标识 eid ；②使用该 eid 与模式实例的公有数据属性组成六元组 $\{eid，ename，tid，handler，time，location\}$ ，将该六元组赋值给公有数据属性关系 R_{common} ；③私有数据属性中的模式实例标识 eid 、修饰操作所用物料 $material$ 和或有属性 etc 组成三元组 $\{eid，material，etc\}$ ，将该三元组赋值给修饰模式的私有属性关系 $R_{descorate\_pvt}$ ；④ $R_{descorate\_pvt}$ 和 R_{common} 通过 eid 建立自然连接关系。具体算法如下。

```
void Decorate(tid){
  R_common ← R_common ∪ {eid,'decorate',ename,tid,handler,time,location};
  R_decorate_pvt ← R_decorate_pvt ∪ {eid,material,etc};
  return;
}
```

本章小结

　　针对现有的生鲜农产品质量安全可追溯系统中，数据建模方法的规范性、一致性、兼容性差导致的系统柔性低，不能输出灵活的数据粒度等问题，本章基于模式基元，完成了生鲜农产品质量安全可追溯系统的兼容建模；基于结构模式识别理论，改进了 GS1 全球可追溯标准的谓词集合，设计了描述生鲜农产品供应链上追溯单元转化过程的 12 种模式基元，包括接收、派出、生成、销毁、构造、解构、修饰、修剪、依附、剥离、移动和探测。在模式基元选择的基础上，基于关系代数设计了 12 种模式基元的数据存储结构与数据采集算法。

第八章　面向数据粒度分级的可追溯系统建模方法

针对政府、企业和社会公众等不同类型的用户对可追溯系统输出数据粒度需求的差异和现有可追溯系统难以满足这种粒度差异之间的矛盾，本章研究面向数据粒度分级的可追溯系统建模方法：应用文法分析理论中的上下文无关文法，构造基于模式基元建模的生鲜农产品供应链可追溯数据的形式化描述语言；基于下推自动机模型，实现形式化描述的生鲜农产品供应链可追溯数据识别，从而完成原始的精细粒度数据向粗糙粒度数据的转化，最终实现面向粒度分级的生鲜农产品质量安全可追溯系统建模。

第一节　基于 2 型文法的可追溯数据形式化描述方法

1. 文法的定义

文法 G 是一个四元组，用 $G=(N, T, P, S)$ 表示，其中 N 为 G 的非终结符或变量的有穷集合，T 为 G 的终结符或常量的有穷集合，P 为产生式或再写规则的有穷集合，而 $S \in N$ 为一个句子的起始符。其中 N 和 T 不相交，即 $N \cap T = \varnothing$，文法的字母表 $\Sigma = N \cup T$，产生式集合 P 由形如 $\alpha \rightarrow \beta$ 的再写规则组成，其中 α 和 β 由字母表 Σ 中的符号组成，α 至少包括 Σ 中的一个符号。基于文法 G 的定义，从起始符 S 出发，通过反复调用再写规则，可以生成一个全部由终结符组成的符号串，这个过程称为产生式的一次导出。

2. 文法的分类

显然，使用不同的产生式系统，得到的文法是不同的，乔姆斯基范式将文法分为四类，即 0 型文法、1 型文法、2 型文法和 3 型文法。

【定义 8-1】0 型文法，也称为无约束文法，其产生式的形式

$$\alpha \rightarrow \beta。 \tag{8-1}$$

其中 $\alpha \in \Sigma^+$，$\beta \in \Sigma^*$。可以看出，0 型文法对产生式没有任何形式上的约束。

【定义 8-2】1 型文法，也称上下文有关文法，其产生式的形式

$$\alpha_1 A \alpha_2 \rightarrow \alpha_1 \beta \alpha_2。 \tag{8-2}$$

其中，α_1，$\alpha_2 \in \Sigma^*$；$\beta \in \Sigma^+$ 且 $A \in N$。可以看出，1 型文法的定义要求替换后的串长度不小于替换前的串长度。

【定义 8-3】2 型文法，也称上下文无关文法，其产生式的形式

$$A \rightarrow \beta。 \tag{8-3}$$

其中 $A \in N$，$\beta \in \Sigma^+$。2 型文法允许使用右边的串 β 替换左边的非终结符 A，且与 A 出现的位置（即上下文）无关。

【定义 8-4】3 型文法，也称正则文法或有限状态文法，其产生式的形式

$$A \rightarrow aB \text{ 或 } A \rightarrow b。 \tag{8-4}$$

其中，A，$B \in N$；a，$b \in T$；且 A，B，a 和 b 均为单个符号。

从定义可以看出，从文法的规范性角度，3 型文法最规范，2 型文法次之，1 型文法再次，0 型文法规范性最低；从文法的表现力角度，0 型文法表现力最强，1 型文法次之，2 型文法再次，3 型文法表现力最低。

3. 面向模式基元的可追溯流程建模与文法的关系

由于面向模式基元的可追溯数据流程建模的基本单位是前述第七章第三节所定义的 12 种模式基元，因此在完成基于文法的可追溯流程形式化建模前，需要首先完成模式基元与文法终结符的映射。以 12 个无重复的小写拉丁字母表示模式基元集合，12 种模式基元与终结符的映射关系如表 8-1 所示。

表 8-1 12 种模式基元与终结符的映射关系

序号	模式基元	终结符
1	接收	r
2	派出	d
3	生成	g

续表

序号	模式基元	终结符
4	销毁	e
5	构造	c
6	解构	o
7	修饰	a
8	修剪	t
9	依附	h
10	剥离	s
11	移动	m
12	探测	p

在终结符映射的基础上，以向前追溯（追踪）的过程为例，基于各类模式基元中追溯单元的转化关系，建立追踪过程的形式化描述文法。

【定义 8-5】生鲜农产品质量安全可追溯系统中，追踪过程的形式化描述文法为 $G=(N, T, P, S)$，其中 $N=\{S, A\}$，$T=\{r, d, g, e, c, o, a, t, h, s, m, p\}$，以及 P：

① $S \to rA$ ② $S \to gA$ ③ $A \to d$ ④ $A \to e$
⑤ $A \to s$ ⑥ $A \to aA$ ⑦ $A \to tA$ ⑧ $A \to cA$
⑨ $A \to mA$ ⑩ $A \to pA$ ⑪ $A \to hAA$ ⑫ $A \to oAA$

由于 P 中的 12 个产生式，左端均为 1 个非终结符，右端均是非终结符和终结符组成的非空符号串，由［定义 8-3］知，［定义 8-5］所述追踪过程的形式化描述文法为 2 型文法。同理可知，溯源过程的形式化描述也为 2 型文法。由此，建立了基于 2 型文法的生鲜农产品质量安全可追溯系统的追溯流程形式化描述方法。

第二节　基于递归的句子生成算法

【定义 8-6】设有文法 $G=(N, T, P, S)$，则称

$$L(G) = \{x \mid x \in T^* \text{ 且 } S \Rightarrow x\}。 \tag{8-5}$$

为文法 G 所产生的语言，称 $x \in L(G)$ 为由文法 G 产生的一个句子。可以看出，句子是由相应文法按照再写规则导出的一个全部由终结符组成的符号串。

在基于 2 型文法的生鲜农产品质量安全可追溯流程形式化描述文法中，句子的生成具有重要意义。这是因为句子作为终结符，也就是模式基元的有序序列，形式化的描述了生鲜农产品供应链或某一阶段的内部追溯业务流程，对句子中每一个终结符的读取，也就获得了粒度精细的生鲜农产品供应链质量安全可追溯数据。

假设某生鲜农产品供应链的质量安全可追溯信息，参照前述第七章第三节的模式基元划分方法、存储结构和采集方法进行了建模，且在数据库中以时间序列有序排列，则无论该供应链上的追溯单元标识如何变化，总能够通过递归的方法，生成符合［定义 8-5］的追踪过程形式化描述文法的句子。同理，也能够生成同样符合 2 型文法的溯源过程形式化描述文法的句子。本节以追踪过程为例，构造基于递归的句子生成算法，获得形式化的可追溯系统精细粒度追溯数据。具体算法如下。

```
void Track(tid){
  s = λ;//定义空句子s
  R_EID = σ_{TID=tid}(Π_EID(R_common));//获得追溯单元标识为tid 的模式实例列表
  for(int i = 0;i < Gcount(EID)(R_EID(EID));i++){
    t = σ_{EID=t_i[EID]∧TID=tid}(R_common);//获得模式基元类型并映射到文法终结符
    t[EType] → s;//句子s末尾追加文法终结符
    switch(t[EType])
    case c ://构造模式
      temp = σ_{EID=t[EID]}(R_{construct_pvt});//将输出追溯单元标识tid赋给temp
      Track(temp[Out_TID]);//对temp递归调用Track算法
    break;
    case o ://解构模式
      Temp = σ_{EID=t[EID]}(R_{deconstruct_pvt});//将输出追溯单元标识列表赋给Temp
      for(int j = 0;j < Gcount(Out_TID)(Temp(Out_TID));j++){
        temp = σ_{Out_TID=s_j[Out_TID]}(Temp);
        Track(temp[Out_TID]);//对Temp的每一项递归调用Track算法
      }
    break;
    case h :
      temp = σ_{EID=t[EID]}(R_{adhere_pvt});
      Track(temp[Father_TID]);//对父追溯单元调用Track算法
    break;
```

```
    case d|e|s://派出、销毁、剥离模式
      return//结束算法，返回调用点
    break;
  }
  return;
}
```

对算法的说明：Track 算法开始时，首先置句子为空（$s = \lambda$），通过选择和投影操作，获得以 tid 为标识的模式基元实例列表，该列表项为无重复的 EID 关系。由于列表已经时间有序，因此指针指向列表第一个 eid，按以下规则正序处理：

①根据 tid 和 eid 获得模式基元类型，映射到文法终结符；

②在句子尾部追加该终结符；

③对于构造模式（c），由于 tid 发生了变化，因此对 tid 递归调用 Track 算法；对于解构模式（o），由于 tid 发生了变化，且解构为多个追溯单元，因此，对新 tid 表示列表中的每一个 tid 递归调用 Track 算法；对于依附（h）模式，由于 tid 与其他追溯单元 tid^* 建立了依附关系，因此，对 tid^* 递归调用 Track 算法；对于派出（d）、销毁（e）、剥离（s）模式，由于 tid 作为被标识的独立的追溯单元已经到达终点，算法结束，返回到调用点。

④ EID 列表如未处理到尾端，则指针指向下一个 eid，返回①，否则算法结束，返回到调用点。

Track 算法的流程如图 8-1 所示。

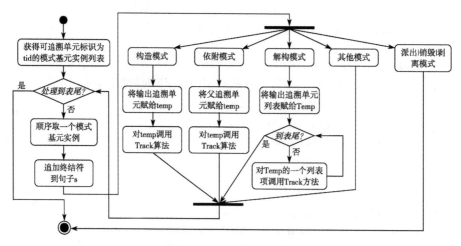

图 8-1　Track 算法的流程

第三节　基于改进下推自动机的可追溯数据粒度分级方法

在本章第一节中，基于 2 型文法建立了可追溯流程的形式化描述文法，并在此基础上，实现了基于递归的文法句子生成，这就完成了精细粒度的生鲜农产品质量可追溯信息的形式化描述。本节基于改进的下推自动机（Improved Push Down Automation，IPDA）模型，实现可追溯流程的形式化描述文法的句子识别，在对终结符的识别过程中，进行数据的形式化的融合，从而完成粗糙粒度的生鲜农产品可追溯流程描述，实现可追溯数据粒度的分级建模。

【定义 8-7】一个确定的下推自动机是一个七元式

$$A_p = (Q, \ \Sigma_1, \ \Gamma, \ \delta, \ q_0, \ Z_0, \ F)_\circ \qquad (8\text{-}6)$$

其中，Q 为状态的非空有限集合；Σ_1 为输入符号的有限集合，即字母表；Γ 为下推存储堆栈符号的有限集合；$q_0 \in Q$ 为初始状态；$Z_0 \in T$ 为栈底符号，是 PDA 启动时下推存储堆栈中的唯一符号；$F \subseteq Q$ 为终结状态集合；δ 为从 $Q \times (\Sigma_1 \cup \{\lambda\}) \times \Gamma$ 到 $Q \times \Gamma^*$ 的有限子集的映射。

δ 可记作

$$\delta : Q \times (\Sigma_1 \cup \{\lambda\}) \times \Gamma \rightarrow 2^{Q \times \Gamma^*}_\circ \qquad (8\text{-}7)$$

PDA 的状态转移由一组具有如下形式的状态转移函数组成

$$\delta(q, \ a, \ Z) = \{(q_1, \ \gamma_1), \ (q_2, \ \gamma_2), \ \cdots, \ (q_i, \ \gamma_i)\}_\circ \qquad (8\text{-}8)$$

其中，q 为下推自动机的当前状态；a 为读入符号，可以是空串；Z 为栈顶符号；q_i 为下推自动机的下一个可选状态。

γ_i 为下推自动机在选择 q_i 状态时，用于替换 Z 的栈顶符号串。替换规则是首先将 Z 弹出，当 $\gamma_i \neq \lambda$ 时，将 γ_i 中的符号按照从右至左的顺序依次压入堆栈。下推自动机如图 8-2 所示。

上述定义所描述的下推自动机能够依次处理基于递归的句子生成算法所生成的追踪数据形式化描述句子，但由于自动机仅有一个堆栈，句子中所有的生鲜农产品供应链的结构信息在数据粒度分级规约后会发生丢失，因此，必须对下推自动机进行改进。

【定义 8-8】一个改进的下推自动机是一个九元式

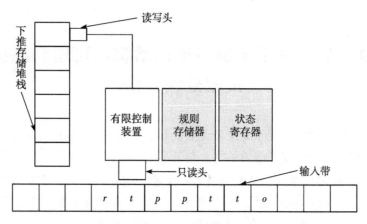

图 8-2 下推自动机

$$A_p = (Q, \Sigma_1, \Gamma, \Gamma', \delta, q_0, Z_0, Z'_0, F), \tag{8-9}$$

其中，Γ' 为结构信息存储堆栈符号的有限集合；$Z'_0 \in T$ 为栈底符号，是 PDA 启动时结构信息存储堆栈中的唯一符号。

改进 PDA 的状态转移由一组具有如下形式的状态转移函数组成

$$\delta(q, a, Z) = \{(q_1, \gamma_1, \gamma'_1), (q_2, \gamma_2, \gamma'_2), \cdots, (q_m, \gamma_m, \gamma'_m)\}. \tag{8-10}$$

其中，γ'_i 为下推自动机在选择 q_i 状态时，用于压入堆栈 Γ' 的栈顶符号串。改进的下推自动机如图 8-3 所示。

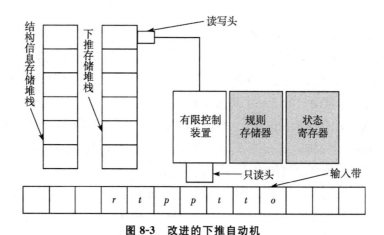

图 8-3 改进的下推自动机

【定义 8-9】为了识别追踪过程的形式化描述文法生成的句子，定义以初始状态为双空堆栈的改进下推自动机

$$A_p = (Q, \ \Sigma_1, \ \Gamma, \ \Gamma', \ \delta, \ q_0, \ Z_0, \ Z'_0, \ F) \qquad (9\text{-}11)$$

其中 $Q = \{q_0, \ q_1\}$，$\Sigma_1 = \{r, \ g, \ d, \ e, \ s, \ a, \ t, \ c, \ m, \ p, \ h, \ o\}$，$\Gamma = \{S, \ A\}$，$Z_0 = S$，$Z'_0 = \varnothing$，$F = \varnothing$，$\delta$ 为

① $\delta(q_0, \ r, \ S) = \{(q_1, \ A, \ r)\}$；　② $\delta(q_0, \ g, \ S) = \{(q_1, \ A, \ g)\}$；

③ $\delta(q_1, \ d, \ A) = \{(q_1, \ \lambda, \ d)\}$；　④ $\delta(q_1, \ e, \ A) = \{(q_1, \ \lambda, \ e)\}$；

⑤ $\delta(q_1, \ s, \ A) = \{(q_1, \ \lambda, \ s)\}$；　⑥ $\delta(q_1, \ a, \ A) = \{(q_1, \ A, \ \lambda)\}$；

⑦ $\delta(q_1, \ c, \ A) = \{(q_1, \ A, \ \lambda)\}$；　⑧ $\delta(q_1, \ t, \ A) = \{(q_1, \ A, \ \lambda)\}$；

⑨ $\delta(q_1, \ m, \ A) = \{(q_1, \ A, \ \lambda)\}$；　⑩ $\delta(q_1, \ p, \ A) = \{(q_1, \ A, \ \lambda)\}$；

⑪ $\delta(q_1, \ h, \ A) = \{(q_1, \ AA, \ h)\}$；

⑫ $\delta(q_1, \ o, \ A) = \{(q_1, \ AA, \ o)\}$。

则该下推自动机从起始状态 q_0 和栈底符号 S 启动，依次读入第八章第二节中的 Track 算法生成的句子，依据规则 δ 对精细粒度数据进行形式化融合，句子处理结束时由结构信息存储堆栈获得粗糙粒度数据。

第四节 实证研究

一、兼容建模与形式化描述

在前述建模方法和追溯算法构建的基础上，本节进行模型的实证研究，以冻罗非鱼片加工流程为建模对象，进行面向模式基元的生鲜农产品质量安全可追溯建模，对可追溯数据进行形式化描述，并验证基于下推自动机的可追溯数据粒度分级方法。冻罗非鱼片的加工流程分析建立在任晰（2009）所分析的海南省某水产加工企业业务流程基础上。

对该企业的业务流程分析可知，冻罗非鱼片加工工艺一般分为原料接收、暂养管理、放血、前处理、清洗、分级、消毒、排盘、急冻、称重、镀冰衣、包装、金属探测、装箱、冷藏、发运等环节。由于重点是流程建模，每个环节的关键质量指标此处不赘述。分析图 8-4 中各流程的输入与输出追溯单元关系，与［定义 7-1］至［定义 7-12］中所述 12 种模式基元匹配，获得基于模式基元的冻罗非鱼片加工工艺的业务流程如图 8-5 所示。利用第一节所述文法和第二节所述句子生成算法对该业务流程的模式基元模型进行导出树导出和句子生成，所生成的句子为"$rttodtodtttcpcmd$"，文法导出树

如图 8-6 为冻罗非鱼片加工工艺业务流程的导出树。

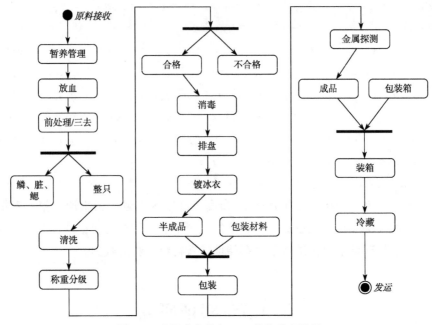

图 8-4 冻罗非鱼片加工工艺的业务流程

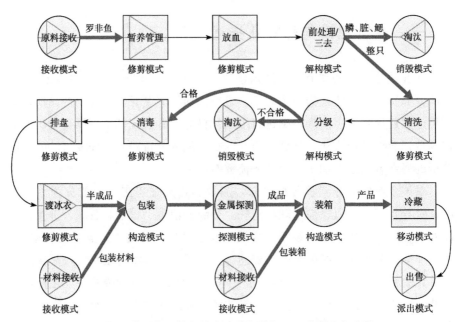

图 8-5 基于模式基元的冻罗非鱼片加工工艺的业务流程

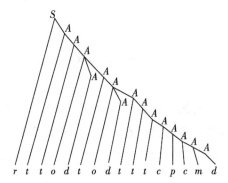

图 8-6　冻罗非鱼片加工工艺业务流程的导出树

二、数据粒度分级规约

分别以半滑舌鳎养殖、冻罗非鱼片加工、肉牛养殖和肉牛屠宰 4 个生鲜农产品质量安全可追溯的供应链内部追溯流程为例，分析数据粒度分级规约的效果。其中，冻罗非鱼片加工的工艺流程来源同第三节所述；半滑舌鳎养殖的业务流程数据来源于天津市滨海新区某工厂化水产养殖企业；肉牛养殖、肉牛屠宰的业务流程数据均来自天津市蓟县某绿色食品加工企业。基于改进的下推机的追溯数据粒度分级规约效果如表 8-2 所示。

表 8-2　基于改进下推自动机的追溯数据粒度分级规约效果

序号	供应链实例	输入数据/个	输出数据/个	分级规约结果	时间跨度/天	规约强度
1	半滑舌鳎养殖	321	16	*roooddddooddoodd*	320	95.0%
2	冻罗非鱼片加工	16	6	*rododd*	1	62.5%
3	肉牛养殖	655	4	*rhsd*	206	99.4%
4	肉牛屠宰	29	16	*rododododododd*	3	44.8%

本章小结

综上所述，针对现有的生鲜农产品质量安全可追溯系统中，一套数据建模方法无法输出同时满足政府监管者、社会公众和生鲜农产品生产企业需求的数据粒度，影响系统的实用性和推广问题，本章做了以下两个方面的工作。

首先，基于句法模式识别，建立了生鲜农产品质量安全可追溯数据的可变粒度模型。在兼容建模的基础上，分析文法的乔姆斯基范式特征与模式基元特征，构建了基于 2 型文法的生鲜农产品质量安全可追溯数据形式化描述文法；构建了基于递归的生鲜农产品质量安全可追溯数据形式化描述文法的句子生成算法；为实现面向句子的可追溯数据的粒度规约，改进了下推自动机模型，建立了基于改进下推自动机的粒度分级规约算法。

其次，以海南省某水产加工企业的冻罗非鱼片加工业务流程、天津市滨海新区某水产养殖企业的半滑舌鳎养殖业务流程、天津蓟县某绿色食品生产企业的肉牛养殖与肉牛屠宰加工业务流程实例的数据为例，应用本章所述模型，进行了从业务流程分析到分级粒度规约的全过程的模型和算法验证，结果表明算法用于不同供应链时，数据分级规约强度在 44.8%～99.4%；粒度规约强度在具有大量重复操作、供应链结构信息较少的初级农产品生产流程中最高。

第九章　基于云计算的可追溯综合服务平台设计与实现

在物联网环境下，大规模采集生鲜农产品质量安全可追溯信息，必然发生海量数据存储、海量服务并发和海量用户访问的问题。应用传统的信息系统实现手段，将既无法通过原始数据进行数据挖掘和知识发现，创造改进生鲜农产品供应链质量的价值，又不能满足高效、可接受的系统功能与性能响应。针对这一问题，本章应用云计算技术构建生鲜农产品质量安全可追溯综合服务平台。

基于 Hadoop 技术构建平台级云计算服务（Platform as a Service，PaaS），以 HDFS 与 Hive 技术实现海量可追溯数据存储，利用 MapReduce 模型实现海量数据分析过程计算的并行化，提高基于云计算的生鲜农产品质量安全可追溯数据挖掘与分析系统的数据存储与数据分析效率。以文献分析法、实地调研法、头脑风暴法和专家问卷法获取平台需求；在云计算的 IaaS 和 PaaS 架构上设计平台的业务服务引擎、体系结构和决策支持模型；使用 Eclipse 7.5 集成开发环境、Java 语言进行平台开发，在 Ubuntu 10.0.4 系统平台上进行部署；对平台运行改进生鲜农产品供应链质量安全的效果进行评价。

第一节　平台需求分析

一、可追溯数据的价值发现方法

生鲜农产品质量安全可追溯综合服务平台的需求获取过程分为两个阶段进行：第 1 阶段通过文献分析、案例分析和头脑风暴方法，获得可追溯数据在生鲜农产品供应链上各阶段的主体内部从业务层到战略决策中存在潜在价值的领域；第 2 阶段以第 1 阶段的结果作为输入，通过专家问卷调查（Delphi）法获得边际收益最高的潜在价值获取领域，将这些领域的需求作为决策分析系统的用户需求。

（1）第1阶段

文献分析涵盖了通过 Web of knowledge 平台检索到的 2008—2013 年发表的基于可追溯数据进行供应链潜在价值挖掘的 14 篇典型应用文献，所描述的生鲜农产品涵盖了鳕鱼、罗非鱼、可可豆、猪肉和蔬菜等。案例分析为研究者在 2009—2013 年参与的生鲜农产品质量安全可追溯示范应用性和政策研究性课题研究，研究对象包括石斑鱼养殖过程、半滑舌鳎养殖过程、肉牛屠宰和加工过程、鲜食葡萄冷链物流过程及生鲜农产品质量安全可追溯兼容平台的需求获取过程等，以上案例涵盖了生鲜农产品供应链管理的种植、养殖、加工、流通、销售和消费的各阶段，以及供应链管理的宏观视角。头脑风暴法将文献分析与案例分析的结果泛化，获得各类生鲜农产品供应链、各阶段、各信息系统应用层次上的数据潜在价值领域。头脑风暴小组成员中 3 名具有正高级职称，3 名具有副高级职称，1 名具有中级职称，17 名为硕士、博士研究生，所有成员均长期在生鲜农产品质量安全可追溯的技术或政策领域从事研究工作。

（2）第2阶段

在第 1 阶段获取生鲜农产品供应链各阶段和各信息系统应用层次上数据的潜在价值领域基础上，本阶段向北京市 18 名农产品供应链相关领域的科研工作者、高级管理人员发送多轮调查表，以打分形式获取领域专家对各数据潜在价值领域实现数据分析与挖掘的边际收益排序。专家问卷调查共进行 3 轮，由上一轮调查表的打分结果汇总影响下一轮调查表设计，专家可以据此修正或保持上一轮的意见，最终完成迭代过程的收敛。

二、可追溯数据的价值分类与平台需求

上述两个阶段的系统分析过程，获得了海量可追溯数据的潜在价值和领域分类，如图 9-1 所示。按分类划分，海量可追溯数据的潜在价值可能存在于信息系统的业务层、管理层和决策层，按领域划分，价值可存在于生鲜农产品供应链的种植、养殖、加工、流通、销售和消费等各环节。

具体来说，在业务层，可追溯数据的采集和应用，能够在生鲜农产品供应链的全程实现文档标准化、危害溯源和精确召回，这有助于生鲜农产品供应链上的企业满足相关准入制度和法规的需要，并改善食品质量安全事件发生后追责和召回的效率与成本。

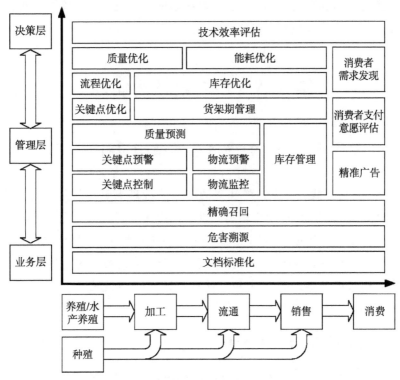

图 9-1　可追溯数据的价值和领域分类

在管理层，海量可追溯数据与 FMECA、HACCP 和 SPC 等质量安全管理模型结合，能够在生鲜农产品种植、养殖和加工阶段实现质量安全关键点控制和预警，在流通阶段实现物流过程的控制和预警，在销售和消费阶段改善库存管理和安全农产品广告投放的精准度。

在决策层，海量可追溯数据构成的案例库和事实库在生鲜农产品种植、养殖过程中实现关键点操作的优化和业务流程的优化，这实现了生鲜农产品在供应链初始阶段的质量优化。在加工和流通过程，海量可追溯数据与生鲜农产品的质量损失方程、货架期模型结合，能够实现基于货架期的生鲜农产品质量安全管理和最短货架期先出（Least Shelf-life First Out，LSFO）的库存管理，这同时改善了安全供应链的对能耗需求。同时，海量数据与消费者行为模式的结合，能够及时发现消费者对安全农产品的消费需求和发展趋势。在生鲜农产品供应链全程，海量可追溯数据使得改进生鲜农产品供应链质量安全的各类技术手段及其组合的技术效率量化成为可能。根据第 2 阶段系统分析的结果，基于云计算的生鲜农产品质量安全可追溯综合服务平台的需求为实现文档标准化、危害溯源、精确召回、物流监控、关键点预警、质量预测、货架期管理和库存优化功能成为可能。

第二节　平台设计与实现

一、基于 Hadoop 的平台技术架构设计

Hadoop 是高效、可靠、弹性强的分布式处理海量数据的云计算框架。该框架通过 Map/Reduce 编程模型，使应用程序实现了不必关注底层云实现细节的计算处理；通过 HDFS 分布式文件系统实现了在廉价设备集群上冗余的可靠数据存取；HIVE 数据存储模型实现了海量数据的高效存取。在此基础上，通过可伸缩的分布式并行计算，Hadoop 能够支持 TB 级甚至 PB 级的云应用。

1. 基于 HDFS 的文件系统

Hadoop 分布式文件系统（Hadoop Distributed File System，HDFS）用于存储 Hadoop 集群上的文件，这一系统的冗余设计使得文件能够存储在可靠性一般的常规商用设备上，并拥有较高的吞吐量（Hadoop，2010）。

HDFS 为主/从架构，一个 HDFS 集群由一个名称节点（Namenode）和若干个数据节点（Datanode）组成。名称节点是文件系统的中心服务器，用于管理文件系统的名字空间（Namespace）及客户端对数据文件的访问。数据节点负责管理文件的存储，在物理层文件被分成一个或若干个数据块（块大小为 64 MB），块在数据节点存储，由名称节点完成数据块到具体的数据节点的映射，执行名字空间操作，对数据文件进行创建、打开、复制、关闭、删除和重命名等。名称节点是数据的管理和仲裁者，而没有直接数据流通过，这提高了集群的吞吐量。单一的名称节点架构，简化了集群结构。HDFS 文件系统的体系结构如图 9-2 所示。

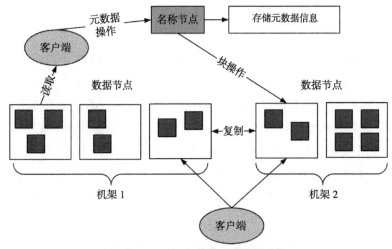

图 9-2　HDFS 文件系统的体系结构

2.基于 Map/Reduce 的编程框架

Map/Reduce 编程框架的工作流程分为两个阶段，即 Map 阶段和 Reduce 阶段。在 Map 阶段，海量数据会被划分成若干数据块，每一个 Map 程序按照并行的方式处理一个或多个数据块。在 Map 处理结束后，输出被写入内存或本地存储中，并被 Reduce 拉取，对结果进行排序和规约，将获得的最终结果写入 HDFS。Map 和 Reduce 函数由用户依据应用需要进行自定义，输入和输出都使用键值对＜key，value＞描述。Map/Reduce 并行处理作业任务的工作原理如图 9-3 所示。

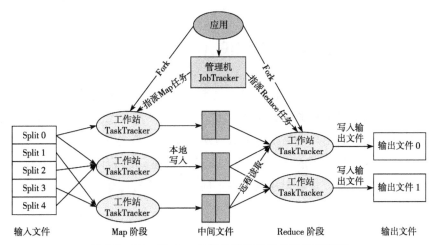

图 9-3　Map/Reduce 并行处理作业任务的工作原理

3.基于 Hive 的数据仓库

Hive 是基于 Hadoop 的数据仓库实现框架，其设计的意义在于使用类似 SQL 的查询语言进行 HDFS 文件系统上的数据操作。在 Hive 中，应用通过 HiveQL 与数据集进行交互，Hive 是一种类 SQL 的数据查询语言，将 HiveQL 查询转换成 Map/Reduce 操作，提高了查询过程的一致性和效率。与面向联机事务处理（On-Line Transaction Processing，OLTP）的 SQL 语言不同，面向联机分析处理（On-Line Analytical Processing，OLAP）的 HiveQL 语言的优势在于处理海量数据，但其实时性较低，HiveQL 语言与 SQL 语言的差异如表 9-1 所示。

表 9-1　HiveQL 语言与 SQL 语言的差异

查询语言	HiveQL	SQL
数据格式	用户自定义	系统定义
数据更新能力	不支持	支持
索引	不支持	支持
执行方式	Map/Reduce	内置编译器执行
可扩展性	高	低
延迟	高	低
数据量	大	小

二、平台业务服务引擎设计

生鲜农产品质量安全可追溯综合服务平台的业务服务引擎用于定义服务接口，为应用提供一致的服务支持。由于生鲜农产品质量安全可追溯综合服务平台是面向开放用户的复杂企业级应用。在传统模式下复杂应用由一系列的独立应用逐步累加形成，而在以 SOA 架构为基础的云计算模式下服务系统由服务能力入手。复杂企业级应用不同实现模式对比如图 9-4 所示。

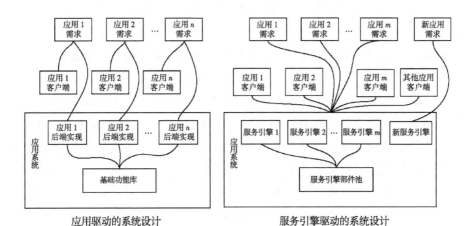

图 9-4　复杂企业级应用不同实现模式对比

　　服务接口是利用系统资源进行应用开发的主要工具，接口服务包含客户端 API 和服务端 API 管理器两部分，生鲜农产品质量安全可追溯综合服务平台服务 API 的工作机制如图 9-5 所示，其工作流程如下。①资源获取，通过客户端 API 帮客户端获取系统资源路径，并将方法返回。②资源使用，客户端调用方法激活远程调用过程，将服务请求发送给服务端远程接入代理，再由代理动态分配系统资源；服务器中的应用，可调用服务端 API 来获取和使用系统资源。③资源释放，客户端可主动对其使用的资源进行释放，也可由系统的资源管理器根据一定的判定策略进行资源释放。通过服务接口标准，可引导现有应用顺利迁移到原型系统上。

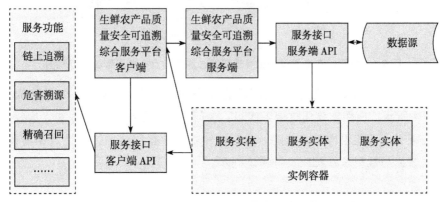

图 9-5　生鲜农产品质量安全可追溯综合服务平台服务 API 的工作机制

生鲜农产品质量安全可追溯综合服务平台服务引擎的运行机制图 9-6 所示，主要由网络接入层、实例容器、服务资源池、资源管理和资源回收等模块组成。各模块独立于操作系统环境进行逻辑化，每个模块分别分布部署在多个服务器系统中运行。网络接入层负责通过各种网络环境（包括 Internet、3G 网络等）连接用户终端，实现服务的访问。实例容器对平台所辖体系内所有动态资源的实时管理与维护，提供 PaaS 服务的实体化运行环境，所有应用实体通过实例容器向使用者提供服务。它具备有效的资源管理、调度机制，即确保了资源的共享及弹性化使用，又确保了新资源的注入及被释放资源的回收。资源池对平台的静态资源（包括功能组件、管理组件、安全组件等）实施管理、维护，接受新资源的发布，指定资源的注入等实现新资源的发布管理与目录管理，为负载均衡和访问控制机制提供资源基础。

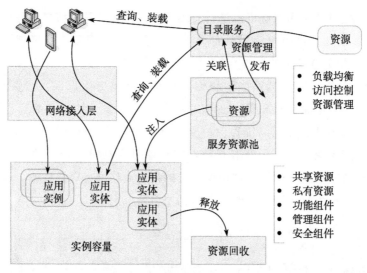

图 9-6 生鲜农产品质量安全可追溯综合服务平台服务引擎的运行机制

生鲜农产品质量安全可追溯综合服务平台应用实体的层次化结构如图 9-7 所示。应用实体通过服务接口，访问业务流程组件中的方法；这些方法向下引用功能组件中的功能；功能组件维护数据层中的持久性数据实体，确保数据与数据库系统或文件系统同步。

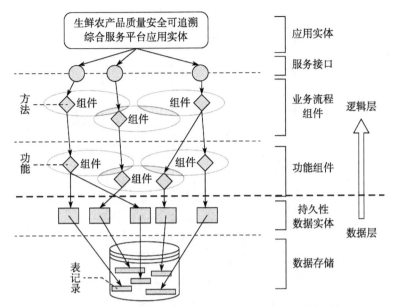

图 9-7　生鲜农产品质量安全可追溯综合服务平台应用实体的层次化结构

三、平台体系结构设计

生鲜农产品质量安全可追溯综合服务平台采用交互层、逻辑层和数据层的 3 层体系结构，实现系统模块内部的高聚合性和模块间的低耦合性。平台的体系结构设计如图 9-8 所示。

1. 交互层

交互层向用户和外部数据源提供与业务逻辑层进行数据交互的界面和接口。交互层按交互对象划分为外部数据驱动子层、消费者交互子层和供应链主体交互子层。外部数据驱动子层包括 USB、RS-232、RS-485、以太网 Socket 接口和 IEEE 1824 并口等常见外部设备数据接口的驱动模块，完成外部数据源的数据融合、格式转换并向业务逻辑层进行数据推送。

政府监管者交互子层向监管者提供符合特定标准范式的生鲜农产品供应链追溯信息，这一信息的数据粒度是粗糙的，但包含监管标准所确定的或有数据属性，指可能有的数据属性。消费者交互子层向消费者提供生鲜农产品质量安全可追溯信息的公共查询界面和功能，可追溯信息由逻辑层的链上追

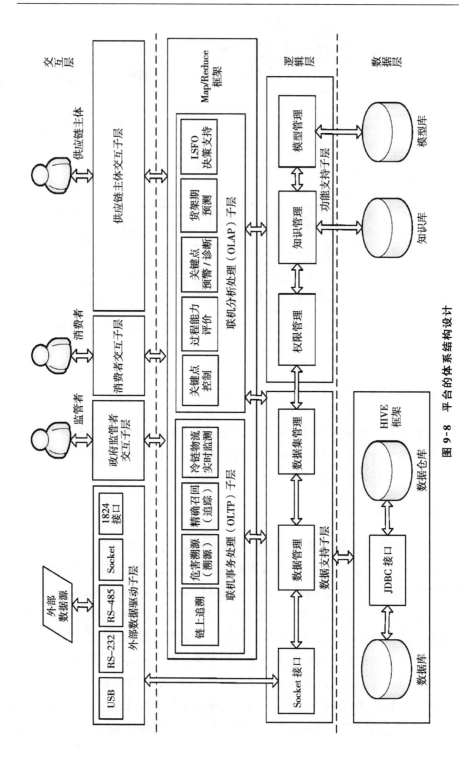

图 9-8 平台的体系结构设计

溯模块输出。供应链主体交互子层向生鲜农产品供应链上的企业提供系统所有 OLTP 和 OLAP 功能的交互界面，信息和数据由逻辑层对应子层各功能模块输出。交互层还依据设定的正则表达式完成用户输入数据的验证和校验。

2. 逻辑层

逻辑层是系统业务逻辑和功能实现的核心，由联机事务处理（OLTP）子层、联机分析处理（OLAP）子层、功能支持子层和数据支持子层组成。

OLTP 子层对应系统分析中提出的全部信息系统业务层和部分的管理层功能，包括链上追溯模块、内部追溯的追踪模块和溯源模块、冷链物流数据的实时监测模块。OLTP 子层的数据源为实时数据源和系统数据库。OLAP 子层对应系统分析中提出的部分的管理层功能和全部的决策层功能，包括基于 SPC 的关键点质量控制模块、关键点过程能力评价模块、基于 FTA 的关键点预警和故障诊断模块、货架期预测模块和基于货架期的 LSFO 库存决策支持模块。OLAP 子层的数据源为系统数据库和系统数据仓库。OLTP 和 OLAP 子层各模块核心算法由 Map/Reduce 编程框架实现，使系统具有高效处理海量数据、大并发的能力。

数据支持子层和功能支持子层分别完成系统 OLTP 和 OLAP 功能的维护和支持。功能支持子层包括系统权限管理模块、知识管理模块和模型管理模块。系统权限管理模块面向用户角色，实现系统功能的访问权限管理；知识库管理模块维护和根据系统运行时需要调用以知识和规则形式存在的信息，如 SPC 判异规则、货架期选取规则等；模型管理模块维护和根据系统运行时需要调用模型库的追踪模型、溯源模型、SPC 模型、过程能力评价模型、FTA 模型、按生鲜农产品类别划分的货架期模型和 LSFO 库存管理模型。数据支持子层包括 Socket 接口模块、数据管理模块和数据集管理模块。Socket 接口模块接收经外部数据驱动子层融合和发送的生鲜农产品质量安全实时数据，与数据管理子层通信，存入数据库；数据管理模块与数据集管理模块通信，将数据库内的实时数据增量存储数据仓库的数据集市中。

3. 数据层

数据层接收、存储和提供用于系统 OLTP 和 OLAP 功能运行的实时数据、历史数据、元数据、知识和模型。数据层包括数据库、数据仓库、知识库、模型库和 JDBC 数据接口。数据库存储了用于 OLTP 功能子层运行的实时数据和元数据，数据仓库存储用于 OLAP 的挖掘和分析使用的海量历史数据。数据库和数据仓库基于 Hive 数据存储架构，通过 JDBC 接口与数据支持子层通信。知识库和模型库分别与功能支持子层的知识管理模块和模型管理模块通信。

四、平台决策模型设计

以生鲜农产品冷链物流的质量安全评价与货架期预测功能流程设计为例，描述系统功能的实现流程设计（图 9-9）。系统通过读取生鲜农产品类别，从知识库获得表征质量损失的关键指标；通过读取冷链上的连续温度数据，依据知识库中的温度状态判异规则，对温度状态进行判定。在获取关键指标和温度状态后，为各指标选择恒定或波动温度状态下的质量衰变模型。对于模型匹配失败的，系统的货架期预测过程失败；对于模型匹配成功的，

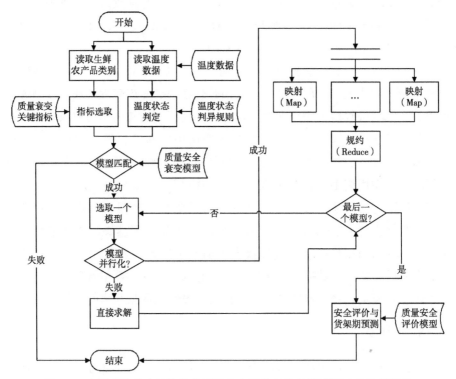

图 9-9　生鲜农产品冷链物流的质量安全评价与货架期预测功能流程设计

首先去选取一种指标（一个模型）；对于能够并行化处理的模型，在 Map/Reduce 框架下进行数据的并行处理，进而对部分结果进行规约；对于不能进行并行处理的，直接对模型进行求解。每个模型求解完成后，判断是否有还未求解的模型。全部求解完成后，根据质量安全评价模型对各指标选取空间划分，对质量安全衰变结果进行综合评价，获得剩余货架期信息。

以罗非鱼冷链物流的质量安全评价和货架期预测为例，其质量损失的关键指标为菌落总数（TVC）和总挥发性盐基氮（TVB-N）。对温度数据进行读取后，判定为波动温度状态。根据以上特征，在模型库中获得波动温度下的 Baranyi & Roberts 模型，用于预测 TVC；获得波动温度下的 Arrhenius 模型，用于预测 TVB-N。对模型进行参数匹配，从知识库中获取对罗非鱼进行 TVC 和 TVB-N 预测的模型参数。波动温度下的 Baranyi & Roberts 模型如式（9-1）：

$$\begin{cases} y(t) = y_0 + A(t) - \ln\left(1 + \dfrac{\exp[A(t)] - 1}{\exp(y_{max} - y_0)}\right) \\ A(t) = \displaystyle\int_0^t \mu_{max}[T(t)] \cdot \alpha(t)\mathrm{d}t \end{cases} \quad (9-1)$$

式中，$y(t)$ 是 t 时刻菌落数的对数值；y_0 是初始菌落数的对数值；y_{max} 是最大菌落数的对数值；μ_{max} 是微生物的最大生长速率。由于模型的积分结果依赖于初始菌落数 y_0，无法对模型进行基于时间片的并行化，因而直接求解。

波动温度下的 Arrhenius 模型如式（9-2）：

$$C(t) = C_0 \cdot \exp\left\{-k_{ref} \cdot \int_0^t \exp\left[-\frac{E_a}{R}\left(\frac{1}{T(t)} - \frac{1}{T_{ref}}\right)\right]\mathrm{d}t\right\} \quad (9-2)$$

式中，k_{ref} 是参考温度下的变化率，E_a 是反应活化能，R 是气体常数，T_{ref} 是参考温度。根据定积分可加原理，可以将波动温度下的 Arrhenius 模型中的 $0 \sim t$ 时段划分为 $t_0 \sim t_n$ 的时间片，在每个时间片 t_i 内依式（9-3）求取 $Map(t_i)$，最后依式（9-4）对所有的 $Map(t_i)$ 进行规约。

$$Map(t_i) = \exp\left\{-k_{ref} \cdot \int_{t_{i-1}}^{t_i} \exp\left[-\frac{E_a}{R}\left(\frac{1}{T(t)} - \frac{1}{T_{ref}}\right)\right]\mathrm{d}t\right\}, \quad (9-3)$$

$$\mathrm{Reduce}(t) = C_0 \cdot \prod_{i=1}^{n} Map(t_i)。 \quad (9-4)$$

基于 TVC 和 TVB-N 的质量衰变指标求解完成后，即可根据质量安全评价模型对 2 个指标选取空间的划分，获取剩余货架期。

第三节　平台实施与评价

一、平台开发与部署

系统部署的硬件环境为 3 台 PC 机，主机间通过 100 M 以太网连接，系统部署的硬件环境如表 9-2 所示。

表 9-2　系统部署的硬件环境

序号	主机型号	操作系统	IP 地址	节点类型	处理器	内存
1	ThinkPad X220	Ubuntu10.0.4	192.168.0.1	主	Intel 酷睿 i7	4G
2	联想扬天 M400	Ubuntu10.0.4	192.168.0.101	从	Intel 酷睿 2	2G
3	联想扬天 M400	Ubuntu10.0.4	192.168.0.102	从	Intel 酷睿 2	2G

系统部署的软件环境为 Ubuntu 10.0.4，建立 Hadoop 0.20.0 并行计算环境，主机间的通信方式为 SSH client 和 SSH server，系统的运行时环境为 JDK 1.6，系统开发环境为 Eclipse 7.5，开发语言为 Java。

二、平台实现

以登录功能、实时监测功能、预警与诊断功能和货架期预测功能为例，描述平台系统的实现。用户启动系统后，首先通过登录界面输入用户名和密码，经验证后可访问各系统的功能模块。系统通过内建基于角色的权限访问控制，防止非数据拥有者、非功能模块拥有者对系统信息的非法访问和篡改。系统登录功能如图 9-10 所示。

实时监测功能基于 TCP/IP 协议，通过 Socket 接口直接获得外部数据驱动子层传回的生鲜农产品供应链现场感知数据。该界面提供了监测批次信息和端口配置信息，并通过实时更新的数据表格提供现场数据。在"历史查询"子模块下，用户可以通过监测批次信息和时段信息，查询已存入 HIVE 数据库的历史数据。"实时监测"功能如图 9-11 所示。

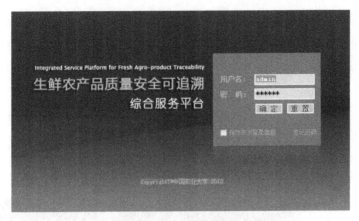

图 9-10 系统登录功能

ID	节点编号	温度/℃	湿度/%
35191	111	-19	63
35192	107	-18	62
35193	111	-19	63
35194	107	-18	62
35195	111	-19	63
35196	111	-19	63
35197	107	-18	62
35198	111	-19	63
35199	107	-19	63
35200	111	-19	64
35201	111	-19	63
35202	107	-19	63
35203	111	-19	64
35204	107	-19	63
35205	111	-19	64
35206	111	-19	64
35207	107	-19	63
35208	108	-18	65
35209	111	-19	64
35210	107	-19	63
35211	111	-19	64

接收设置
监测单位：中国农业大学信息… 监测批次：系统功能验证批次… 启动
本机IP：127.0.0.1 端口号：8089 停止
实时监测信息

图 9-11 "实时监测"功能

　　诊断与预警功能对生鲜农产品加工过程中的关键控制点、关键设备进行预警与故障诊断。关键控制点、关键设备列表在界面左侧，选中后在变量数据源列表中出现可供分析的该控制点的数据，数据可供多选；对选中的数据进行数据预处理，将预处理结果作为输入送入诊断规则，诊断规则可通过诊断模型定义，也可根据用户的经验和知识进行自定义。例如，SHT11温度传感器在低电压失效时会出现温度数据连续升高至阈值并保持的特性，根据这一经验，设定2条自定义规则："温度原始数据连续5个点为80.0"和

"温度一阶差分数据连续 5 个点为 0.0",用于 SHT11 传感器低电压失效的诊断。预警与诊断功能如图 9-12 所示。

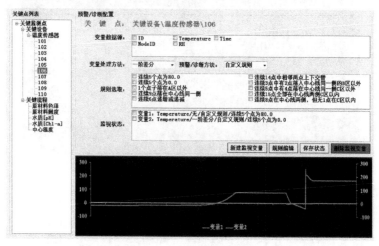

图 9-12　预警与诊断功能

货架期预测功能首先从历史数据中导入生鲜农产品批次信息中的环境感知数据（如温度数据），根据数据类型和状态分布，以及从知识库中获取的生鲜农产品质量损失关键指标，对指标和货架期预测模型进行匹配，匹配完成后对每一个预测模型进行参数配置，参数可从知识库中直接读取，也可以由用户进行修正。完成模型匹配后，使用 Map/Reduce 框架对货架期算法并行化，进而进行计算货架期，得到预测结果。货架期预测功能如图 9-13 所示。

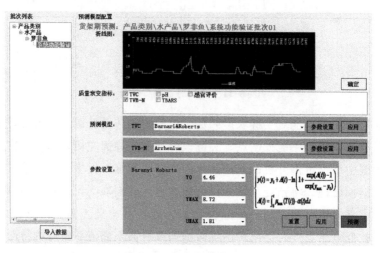

图 9-13　货架期预测功能

三、实例分析与系统评价

　　分别以工厂化水产养殖、水产品冷链物流过程为实例，分析和评价基于云计算的可追溯综合服务平台实施前后生鲜农产品供应链管理水平在数据采集、信息追溯和决策支持 3 个层面的变化。系统评价由来自中国农业大学信息与电气工程学院、中国农业大学工学院与生鲜农产品供应链相关企业的11 名来自农业系统与知识工程、农业信息化、企业管理领域专业人员共同进行。

1. 工厂化水产养殖

　　在数据采集层面，平台的实施使工厂化水产养殖过程中的水温、溶解氧监测实现了基于 WSN 的实时感知数据采集，pH 值、盐度、转池、并池、饲料投喂、渔药使用等养殖过程中的关键数据记录实现了纸质文档到信息系统记录的转变；在信息追溯层面，基于信息系统记录的关键数据支撑了工厂化水产养殖全程可追溯；在决策支持层面，水温、溶解氧感知数据与 SPC 模型的结合实现了养殖环境中两个关键环境参数控制的过程能力评价，设备运行状态的监测数据、水质监测数据共同支撑了循环水净化、消毒设备的故障诊断。可追溯综合服务平台在工厂化水产养殖环境中的实施效果评价结果如表 9-3 所示。

表 9-3　可追溯综合服务平台在工厂化水产养殖环境中的实施效果评价

序号	功能层面	功能点	实施前		实施后	
			方法	实时性	方法	实时性
1	数据采集	水温记录	纸质	滞后	感知	实时
2		溶解氧记录	纸质	滞后	感知	实时
3		pH 值、盐度记录	纸质	滞后	平台级	准实时
4		转、并池信息记录	纸质	滞后	平台级	准实时
5		饲料投喂信息记录	纸质	滞后	平台级	准实时
6		渔药使用信息记录	纸质	滞后	平台级	准实时
7		循环水设备运行监测	无	—	感知	实时

序号	功能层面	功能点	实施前		实施后	
			方法	实时性	方法	实时性
8	信息追溯	饲养过程全程追溯	无	—	平台级	—
9	决策支持	水温管理过程能力评价	无	—	SPC	实时
10		溶解氧管理过程能力评价	无	—	SPC	实时
11		循环水设备故障诊断	无	—	FTA	实时

注:"—"表示无信息或不适用。

2. 水产品冷链物流

在数据采集层面,平台的实施使水产品冷链物流过程中的温度数据实现了基于 WSN 的实时感知数据采集和监测,在水产品冷链的批次信息管理上实现了平台级的信息化管理;在信息追溯层面,基于信息系统记录的批次信息支撑了水产品冷链的全程可追溯;在决策支持层面,基于温度感知数据,实现了冷链中水产品的品质评价和货架期预测,在货架期的基础上实现了最短货架期先出(LSFO)的库存策略,同时温度数据与相关模型的结合实现了冷链关键控制点上的过程能力评价、设备故障诊断。可追溯综合服务平台在水产品冷链物流环境中的实施效果评价如表 9-4 所示。

表 9-4　可追溯综合服务平台在水产品冷链物流环境中的实施效果评价

序号	功能层面	功能点	实施前		实施后	
			方法	实时性	方法	实时性
1	数据采集	水产品冷链温度监控	手工	滞后	感知	实时
2		水产品冷链批次管理	手工	滞后	平台级	准实时
3	信息追溯	水产品冷链全程追溯	无	—	平台级	—
4	决策支持	水产品品质评价和货架期预测	无	—	模型匹配	实时
5		基于货架期的仓储优化与决策支持	FIFO	—	LSFO	—
6		冷链关键控制点的过程能力评价	无	—	SPC	实时
7		冷链关键设备故障诊断	无	无	FTA	实时

注:"—"表示无信息或不适用。

本章小结

本章首先通过文献分析、案例分析和头脑风暴法，获得了可追溯数据生鲜农产品供应链上各阶段的主体内部从业务层到战略决策中存在潜在价值的领域，通过专家问卷调查法获得边际收益最高的潜在价值获取领域，包括文档标准化、危害溯源、精确召回、物流监控、关键点预警、质量预测、货架期管理和库存优化等。

其次，设计了基于 Hadoop 技术的生鲜农产品质量安全可追溯综合服务平台，系统包括交互层、逻辑层和数据层。交互层向用户和外部数据源提供与业务逻辑层进行数据交互的界面和接口。逻辑层是系统业务逻辑和功能实现的核心，由 OLTP 子层、OLAP 子层、功能支持子层和数据支持子层组成。数据层接收、存储和提供用于系统 OLTP 和 OLAP 功能运行的实时数据、历史数据、元数据、知识和模型。

再次，以生鲜农产品冷链物流的质量安全评价与货架期预测功能为例，描述了平台功能的实现流程设计。以罗非鱼冷链物流的质量安全评价和货架期预测为例，描述了平台的货架期预测过程的实现。以 Ubuntu 10.0.4 操作系统和 Hadoop 0.20.0 并行计算环境为技术架构基础，进行了平台的实现。以登录功能、实时监测功能、预警与诊断功能和货架期预测功能为例，描述平台的功能实现。

最后，以工厂化水产养殖、水产品冷链物流为实例的系统评价表明，平台的实施在数据采集、信息追溯和决策支持 3 个方面（分别为 11 个、7 个功能点）改善了生鲜农产品供应链管理水平。

第十章　主要研究结论与研究展望

第一节　主要研究结论

本书从可追溯系统的 3 个技术瓶颈出发，紧紧围绕物联网"无处不在的数据采集、可靠的数据传输与信息处理、智能化的信息应用"3 个核心内涵，以动、植物源性农产品可追溯供应链为研究对象，构建了物联网环境下可追溯系统数据采集与建模方法，研发了基于 WSN 的生鲜农产品质量安全可追溯感知数据采集硬件与嵌入式软件，设计了基于 SPC 的可追溯感知数据时域压缩方法，针对用户数据粒度需求的差异，进行了可追溯数据兼容建模和面向粒度分级的规约，设计和实现了基于云计算的生鲜农产品质量安全可追溯综合服务平台。本书的主要贡献如下。

①界定研究范畴边界，构建面向可追溯的物联网数据采集与建模方法概念模型。对生鲜农产品、生鲜农产品质量安全、可追溯与可追溯性等概念进行了界定；以生鲜果蔬、生鲜肉类和水产品等典型农产品为研究对象，识别了振动、空气温度、相对湿度、O_2 分压、CO_2 分压、N_2 分压、CO 分压、SO_2 分压、水温、溶解氧浓度、NH_3 浓度、pH 值等参数的监测需求；指出了现有可追溯系统流程建模方法的 4 个方面不足之处；在以上分析的基础上，构建了面向可追溯的物联网数据采集与建模方法的概念模型。

②设计基于 WSN 的生鲜农产品质量安全可追溯数据采集方法，实现感知数全程采集。开发了基于 CC2530 的生鲜农产品质量安全数据感知节点、网关中继器和远程数据采集中间件软硬件原型；物理层、MAC 层测试表明峰值功率、平均功率、波峰因数稳定，射频工作稳定，-3 dBm 发射功率下 30 m 单跳丢包率 $<8.4\%$，数据传输较可靠；网络层集成测试表明链路丢包率在 $1.40\% \sim 4.59\%$，均值 3.58%，方差 1.15%，通信链路可靠；使用 1440 mW·h 电池，53 s 的采样间隔节点生命周期约 490 000 s，发送帧约

9000 个；供应链环境仿真测试表明，感知节点能适应低温、特殊气体等生鲜农产品供应链保鲜工艺环境，与数字、模拟式传感器兼容，环境、硬件兼容性好。

③设计基于 WSN 的可追溯数据多传感器集成方法。以鲜食葡萄供应链为例，通过生鲜农产品供应链感知参数需求分析、多传感器集成方法硬件和软件设计、多传感器集成方法测试等过程，阐述了基于 WSN 的可追溯数据多传感器集成方法，通过测试结果，得出相应的结论，并针对测试过程中存在的问题，提出了相应的解决办法。

④设计改进的 X-R_s 感知数据时域压缩算法，延长 ZigBee 感知网络寿命、降低信息冗余。分析了生鲜农产品供应链感知数据的时间序列微分熵特征，针对平稳时间序列中的信息冗余，基于 SPC 技术改进 X-R_s 控制图，增加了感知数据平稳状态判定的滑动自适应过程，设计了改进的 X-R_s 感知数据时域压缩算法。算法在平稳和非平稳时间序列状态下能耗与阈值算法和 K-滑动均值算法在同一数量级；算法在平稳时间序列状态下 $S_e=1.120$，优于阈值算法和 K-滑动均值算法，在非平稳时间序列状态下 $S_e=42.682$，大于阈值算法；算法在两种时间序列平稳性上 t_c 值均接近最优方法，平衡性和适应性好。

⑤构建基于 XML 的可追溯感知数据交换中间件。以冷链物流运输过程为实例和研究对象，设计和实现了可追溯感知数据交换中间件。通过分析冷链物流中的关键控制点，确定需要进行监控的环节；通过使用无线传感网实现温湿度信息的监控，并以有限状态机和 XML 等技术为处理手段，通过 .Net 开发环境设计冷链物流过程中基于 XML 的数据交换中间件，从而实现对温度、湿度等感知参数的采集、存储和数据映射转换。

⑥设计面向数据粒度分级的可追溯系统建模方法，满足不同用户群体的可追溯数据粒度需求。基于结构模式识别，构造了描述生鲜农产品供应链追溯单元转化过程的 12 种模式基元；基于关系代数，设计了模式基元的数据存储结构与数据采集算法；构建了基于 2 型文法的可追溯数据形式化描述文法和文法句子生成算法；基于改进下推自动机模型建立了粒度分级规约方法；以冻罗非鱼片加工、半滑舌鳎养殖、肉牛养殖与屠宰加工业务流程实证数据为例，进行了方法验证，结果表明用于不同供应链时，数据分级规约强度在 44.8%～99.4%，在具有大量重复操作、供应链结构信息少的初级农产品生产流程中，规约强度最高。

⑦设计和实施基于云计算的生鲜农产品质量安全可追溯综合服务平台，实现物联网环境下的生鲜农产品质量安全可追溯系统"从成本制造到价值创造""从事后追溯到智能预警"的关键转变。通过文献分析、案例分析、头脑风暴和专家问卷调查识别了可追溯数据在生鲜农产品供应链上各阶段的潜在价值，包括文档标准化、危害溯源、精确召回、物流监控、关键点预警、质量预测、货架期管理和库存优化；基于 Hadoop 设计了平台的技术架构、服务引擎、体系结构，基于 Map/Reduce 实现了决策模型并行化；在 Ubuntu 10.0.4 操作系统和 Hadoop 0.20.0 并行计算环境上进行了平台实现；系统评价表明平台在数据采集、信息追溯和决策支持 3 个方面改善了生鲜农产品供应链管理水平。

第二节　研究展望

生鲜农产品质量安全研究始终是一项与时俱进的长期性、系统性工作，本书仅是在这个宏大领域的个别阶段、个别范畴做一些抛砖引玉的工作。鉴于时间和条件的限制，本书在以下几个方面还有待完善。

①感知数据压缩方法的性能。本书所述的基于 SPC 的生鲜农产品质量安全可追溯感知数据压缩方法，在温度趋势变化剧烈位置的峰值误差是造成 S_e 增大的重要原因，判异准则的进一步完善和判异流程的优化，将能够进一步改进的 X-R_S 算法性能。

②数据粒度分级规约模型的适用性。生鲜农产品质量安全可追溯是技术课题，更是经济、管理课题，可追溯系统涉及多种技术问题和管理问题；同时，不同种类的生鲜农产品具有不同的质量损失机制、供应链结构等。针对这些问题和差异，可以更为广泛地选取生鲜农产品供应链以验证模型适用性和可用性。

③云计算服务平台的功能。本书所述的基于云计算的生鲜农产品质量安全综合服务平台实现了文档标准化、危害溯源、精确召回、物流监控、关键点预警、质量预测、货架期管理和库存优化等功能，这些功能需求的确定来源于专家问卷调查法获得边际收益最高的潜在价值领域。基于平台所设计的业务服务引擎，应能实现更多、更为复杂的生鲜农产品质量安全可追溯数据的服务增值。

参考文献

[1] ABHIJITH H V,DAKSHAYINI M. Efficient multilevel data aggregation technique for wireless sensor networks[C]//Circuits,controls and communications(CCUBE), 2013 International conference on. IEEE, 2013:1-4.

[2] BALACHANDER D,RAO T R,MAHESH G. RF propagation investigations in agricultural fields and gardens for wireless sensor communications [C]//Information&communicationtechnologies (ICT), 2013 IEEE Conference on. IEEE,2013:755-759.

[3] BEN ABDALLAH M,MARCHELLO J A,AHMAD H A. Effect of freezing and microbial growth on myoglobin derivatives of beef[J]. Journal of agricultural and food chemistry,1999,47(10):4093-4099.

[4] BENDER S,DICKERT F L,MOKWA W,et al. Investigations on temperature controlled monolithic integrated surface acoustic wave(SAW) gas sensors[J]. Sensors and actuators B:chemical,2003,93(1):164-168.

[5] BERGER C R,WANG Z,HUANG J,et al. Application of compressive sensing to sparse channel estimation[J]. Communications magazine, 2010,48(11):164-174.

[6] BEVILACQUA M, CIARAPICA F E, GIACCHETTA G. Business process reengineering of a supply chain and a traceability system:a case study[J]. Journal of food engineering,2009,93(1):13-22.

[7] BO Y,WANG H. The application of cloud computing and the internet of things in agriculture and forestry[C]//Service sciences(IJCSS),2011 international joint conference on. IEEE,2011:168-172.

[8] CAMILO T,CARRETO C,SILVA J S,et al. An energy-efficient ant-based routing algorithm for wireless sensor networks[M]//Ant colony

optimization and swarm intelligence. Berlin:Springer Heidelberg,2006: 49-59.

[9] CAREY M,KIERNAN J,SHANMUGASUNDARAM J,et al. Xperanto:middleware for publishing object-relational data as XML documents [C]//VLDB,2000:646-648.

[10] CHEN M,FOWLER M L. Data compression trade-offs in sensor networks[C]//Optical science and technology, the SPIE 49th annual meeting. international society for optics and photonics,2004:96-107.

[11] CHEN W,WASSELL I J. Energy-efficient signal acquisition in wireless sensor networks:a compressive sensing framework[J]. IET wireless sensor systems,2012,2(1):1-8.

[12] CORRALES J A,CANDELAS F A,TORRES F. Sensor data integration for indoor human tracking[J]. Robotics and autonomous systems, 2010,58(8):931-939.

[13] COSTA F G,UEYAMA J,BRAUN T,et al. The use of unmanned aerial vehicles and wireless sensor network in agricultural applications [C]//Geoscience and remote sensing symposium (IGARSS), 2012 IEEE International. IEEE,2012:5045-5048.

[14] DÍAZ S E,PÉREZ J C,MATEOS A C,et al. A novel methodology for the monitoring of the agricultural production process based on wireless sensor networks[J]. Computers and electronics in agriculture,2011,76 (2):252-265.

[15] DONNELLY K A M,KARLSEN K M,OLSEN P. The importance of transformations for traceability-a case study of lamb and lamb products [J]. Meat science,2009,83(1):68-73.

[16] DUAN Y. Design of agriculture information integration and sharing platform based on cloud computing[C]//2012 IEEE International conference on cyber technology in automation,control,and intelligent systems. CYBER,2012.

[17] DUPUY C,BOTTA-GENOULAZ V,GUINET A. Batch dispersion model to optimise traceability in food industry[J]. Journal of food en-

gineering,2005,70(3):333-339.

[18] ESTRIN D. Wireless sensor networks tutorial part IV:sensor network protocols[J]. Mobicom,westin peachtree plaza,atlanta,georgia,USA, 2002:23-28.

[19] FAN T. Smart agriculture based on cloud computing and IOT [J]. Journal of convergence information technology,2013,8(2):17-21.

[20] FARAHANI S. ZigBee wireless networks and transceivers [M]. Londn:Newnes,2011.

[21] GIANNAKOUROU M C,TAOUKIS P S. Application of a TTI-based distribution management system for quality optimization of frozen vegetables at the consumer end [J]. Journal of food science-chicago,2003, 68(1):201-209.

[22] KRISSOFF B,KUCHLER F,CALVIN L,et al. Traceability in the US food supply:economic theory and industry studies [M]. Washington, DC:US department of agriculture,economic research service,2004.

[23] GRIFFITH M,EWART K V. Antifreeze proteins and their potential use in frozen foods [J]. Biotechnology advances,1995,13(3):375-402.

[24] GTS. Business process and system requirements for full supply chain traceability:GS1 global traceability standard[S]. Brussels:GS1,2012.

[25] HADOOP. Hadoop 分布式文件系统:架构和设计[EB/OL]. (2010-07-15)[2019-07-08]. http://http://hadoop. apache. org/.

[26] HAUPT J,BAJWA W U,RABBAT M,et al. Compressed sensing for networked data [J]. Signal processing magazine, 2008, 25 (2): 92-101.

[27] HEINZELMAN W R,CHANDRAKASAN A,BALAKRISHNAN H. Energy-efficient communication protocol for wireless microsensor networks[C]//System sciences,2000. Proceedings of the 33rd annual Hawaii international conference on. IEEE,2000(10):2.

[28] HORI M, KAWASHIMA E, YAMAZAKI T. Application of cloud computing to agriculture and prospects in other fields [J]. Fujitsu Sci Tech J,2010,46(4):446-454.

[29] HUENI A,MALTHUS T,KNEUBUEHLER M,et al. Data exchange between distributed spectral databases[J]. Computers & geosciences, 2011,37(7):861-873.

[30] HUNG M H,WU S W,WANG T L,et al. An efficient data exchange scheme for semiconductor engineering chain management system[J]. Robotics and computer-integrated manufacturing, 2010, 26 (5): 507-516.

[31] HUYNH T T,DINH-DUC A V,TRAN C H. Energy efficient delay-aware routing in multi-tier architecture for wireless sensor networks [C]//Advanced technologies for communications(ATC),2013 international conference on. IEEE,2013:603-608.

[32] WANG J H,LEE J,LEE H,et al. Implementation of wireless sensor networks based pig farm integrated management system in ubiquitous agricultural environments [M]//Security-Enriched urban computing and smart grid. Berlin:Springer Heidelberg,2010:581-590.

[33] IBRAHIM I K,KRONSTEINER R,KOTSIS G. A semantic solution for data integration in mixed sensor networks[J]. Computer communications,2005,28(13):1564-1574.

[34] IBRAHIM R,HO Q D,LE-NGOC T. An energy-efficient and load-balancing cluster-based routing algorithm for csma-based wireless sensor networks[C]//Vehicular technology conference(VTC Spring),2013 IEEE 77th. IEEE,2013:1-5.

[35] International Organization for Standardization. ISO 8402:1994:Quality management and quality assurance-vocabulary[S]. International Organization for Standardization,1994.

[36] International Organization for Standardization. Quality management systems-fundamentals and vocabulary[S]. International Organization for Standardization,2005.

[37] KAMAREI M,HAJIMOHAMMADI M,PATOOGHY A,et al. OLDA:An efficient on-line data aggregation method for wireless sensor networks[C]//Broadband and wireless computing,communication and

applications(BWCCA),2013 eighth international conference on. IEEE, 2013:49-53.

[38] KIM H M,FOX M S,GRUNINGER M. An ontology of quality for enterprise modelling[C]//Enabling Technologies:infrastructure for collaborative enterprises,Proceedings of the fourth workshop on. IEEE, 1995:105-116.

[39] KING H R. Fish transport in the aquaculture sector:an overview of the road transport of atlantic salmon in Tasmania[J]. Journal of veterinary behavior:clinical applications and research,2009,4(4):163-168.

[40] LAMIKANRA O,WATSON M A. Cantaloupe melon peroxidase:characterization and effects of additives on activity[J]. Food nahrung, 2000,44(3):168-172.

[41] LI C M,NIEN C C,LIAO J L,et al. Development of wireless sensor module and network for temperature monitoring in cold chain logistics [C]//Wireless information technology and systems (ICWITS), 2012 IEEE international conference on. IEEE,2012:1-4.

[42] LI D,WU X,YANG L,et al. Energy-efficient dynamic cooperative virtual MIMO based routing protocol in wireless sensor networks[C]// Communications and networking in China(CHINACOM),2013 8th international ICST conference on. IEEE,2013:523-527.

[43] LIM C,WANG W,YANG S,et al. Development of SAW-based multi-gas sensor for simultaneous detection of CO_2 and NO_2[J]. Sensors and actuators B:chemical,2011,154(1):9-16.

[44] LIN Y G. An intelligent monitoring system for agriculture based on zigbee wireless sensor networks[C]//Advanced materials research, 2012:4358-4364.

[45] LIN Y. Design of ZigBee wireless sensor networks nodes for agricultural environmental monitoring[J]. Energy procedia,2011(11):1483-1490.

[46] LIQIANG Z,SHOUYI Y,LEIBO L,et al. A crop monitoring system based on wireless sensor network[J]. Procedia environmental sciences,

2011(11):558-565.

[47] RIQUELME J A L,SOTO F,SUARDIAZ J,et al. Wireless sensor net-works for precision horticulture in Southern Spain[J]. Computers and electronics in agriculture,2009,68(1):25-35.

[48] MA Z,PAN X. Agricultural environment information collection system based on wireless sensor network[C]//Global high tech congress on e-lectronics(GHTCE),2012 IEEE. IEEE,2012:24-28.

[49] MAMAGHANIAN H,KHALED N,ATIENZA D,et al. Compressed sensing for real-time energy-efficient ECG compression on wireless body sensor nodes[J]. Biomedical engineering,IEEE transactions on, 2011,58(9):2456-2466.

[50] MARTINEZ M V,WHITAKER J R. The biochemistry and control of enzymatic browning[J]. Trends in food science & technology,1995,6 (6):195-200.

[51] MENDEZ G R,YUNUS M A M,MUKHOPADHYAY S C. A Wi-Fi based smart wireless sensor network for monitoring an agricultural en-vironment[C]//Instrumentation and measurement technology confer-ence(I2MTC),2012 IEEE international. IEEE,2012:2640-2645.

[52] MOE T. Perspectives on traceability in food manufacture[J]. Trends in food science & technology,1998,9(5):211-214.

[53] NADEEM Q,RASHEED M B,JAVAID N,et al. M-GEAR:gateway-based energy-aware multi-hop routing protocol for wsns[C]//Broad-band and wireless computing,communication and applications(BWC-CA),2013 eighth international conference on. IEEE,2013:164-169.

[54] NGUYEN C,CARLIN F. The microbiology of minimally processed fresh fruits and vegetables[J]. Critical reviews in food science & nutri-tion,1994,34(4):371-401.

[55] O'GRADY M N,MONAHAN F J,BURKE R M,et al. The effect of oxygen level and exogenous α-tocopherol on the oxidative stability of minced beef in modified atmosphere packs[J]. Meat science,2000,55 (1):39-45.

[56] OPREA A,COURBAT J,BÂRSAN N,et al. Temperature,humidity and gas sensors integrated on plastic foil for low power applications [J]. Sensors and actuators B:chemical,2009,140(1):227-232.

[57] PALIYATH G,POOVAIAH B W,MUNSKE G R,et al. Membrane fluidity in senescing apples:effects of temperature and calcium[J]. Plant and cell physiology,1984,25(6):1083-1087.

[58] PIERCE F J,ELLIOTT T V. Regional and on-farm wireless sensor networks for agricultural systems in Eastern Washington[J]. Computers and electronics in agriculture,2008,61(1):32-43.

[59] QI L,XU M,FU Z,et al. C2SLDS:a WSN-based perishable food shelf-life prediction and LSFO strategy decision support system in cold chain logistics[J]. Food control,2014(38):19-29.

[60] QUER G,MASIERO R,PILLONETTO G,et al. Sensing,compression,and recovery for WSNs:sparse signal modeling and monitoring framework[J]. Wireless communications,IEEE transactions on,2012, 11(10):3447-3461.

[61] QUER G,ZORDAN D,MASIERO R,et al. Wsn-control:signal reconstruction through compressive sensing in wireless sensor networks [C]//Local computer networks(LCN),2010 IEEE 35th conference on. IEEE,2010:921-928.

[62] REGATTIERI A,GAMBERI M,MANZINI R. Traceability of food products:general framework and experimental evidence[J]. Journal of food engineering,2007,81(2):347-356.

[63] ROCCIA C,TERUEL B,ALVES E C S,et al. Experimental evaluation of the performance of a wireless sensor network in agricultural environments[J]. Engenharia agrícola,2012,32(6):1165-1175.

[64] ROCHA A,MORAIS A M. Polyphenoloxidase activity and total phenolic content as related to browning of minimally processed 'jonagored'apple[J]. Journal of the science of food and agriculture,2002, 82(1):120-126.

[65] RODRIGUEZ-MARTINEZ M,ROUSSOPOULOS N. Automatic de-

ployment of application-specific metadata and code in mocha[M]. Berlin: Springer Heidelberg, 2000.

[66] RUIZ A, GUINEA D, BARRIOS L J, et al. Data structures for multi-sensor integration[J]. Sensors and actuators a: physical, 1992, 32(1): 491-498.

[67] SADEGHI M, BABAIE-ZADEH M, JUTTEN C. Dictionary learning for sparse representation: a novel approach[J]. Signal processing letters, 2013, 20(12): 1195-1198.

[68] SEAT H C, SHARP J H, ZHANG Z Y, et al. Single-crystal ruby fiber temperature sensor[J]. sensors and actuators a: physical, 2002, 101(1): 24-29.

[69] SHANMUGASUNDARAM J, SHEKITA E, BARR R, et al. Efficiently publishing relational data as XML documents[J]. The VLDB journal: the international journal on very large data bases, 2001, 10(2-3): 133-154.

[70] SHI Y B, SHI Y P, XIU D B, et al. Design of wireless sensor system for agricultural Micro environment based on Wi-Fi[C]//Applied mechanics and materials. 2013(303): 215-222.

[71] SHWARTS Y M, BORBLIK V L, KULISH N R, et al. Limiting characteristics of diode temperature sensors[J]. Sensors and actuators A: physical, 2000, 86(3): 197-205.

[72] SKUDLAREK J G, COYLE S D, BRIGHT L A, et al. Effect of holding and packing conditions on hemolymph parameters of freshwater prawns, macrobrachium rosenbergii, during simulated waterless transport[J]. Journal of the world aquaculture society, 2011, 42(5): 603-617.

[73] SPACHOS P, CHATZIMISIOS P, HATZINAKOS D. Energy efficient cognitive unicast routing for wireless sensor networks[C]//Vehicular technology conference(VTC Spring), 2013 IEEE 77th. IEEE, 2013: 1-5.

[74] TAN K K, HUANG S N, ZHANG Y, et al. Distributed fault detection in industrial system based on sensor wireless network[J]. Computer

standards & interfaces,2009,31(3):573-578.

[75] TAN W,ZHAO C,WU H,et al. An innovative encryption method for agriculture intelligent information system based on cloud computing platform[J]. Journal of software,2014,9(1):1-10.

[76] TAOUKIS P S,LABUZA T P. Applicability of time-temperature indicators as shelf life monitors of food products[J]. Journal of food science,1989,54(4):783-788.

[77] THAKUR M,MARTENS B J,HURBURGH C R. Data modeling to facilitate internal traceability at a grain elevator[J]. Computers and electronics in agriculture,2011,75(2):327-336.

[78] THAKUR M,SØRENSEN C F,BJØRNSON F O,et al. Managing food traceability information using EPCIS framework[J]. Journal of food engineering,2011,103(4):417-433.

[79] VELLIDIS G,TUCKER M,PERRY C,et al. A real-time wireless smart sensor array for scheduling irrigation[J]. Computers and electronics in agriculture,2008,61(1):44-50.

[80] WANG B,GUO X,CHEN Z,et al. Application of wireless sensor network in farmland data acquisition system[M]//Applied informatics and communication. Berlin :Springer Heidelberg,2011:672-678.

[81] WANG X,GAO H. Agriculture wireless temperature and humidity sensor network based on ZigBee technology[M]//Computer and computing technologies in agriculture. Berlin:Springer Heidelberg,2012: 155-160.

[82] WILLIAMS M E,CONSOLAZIO G R,HOIT M I. Data storage and extraction in engineering software using XML[J]. Advances in engineering software,2005,36(11):709-719.

[83] XIANG X,GUO X. Zigbee wireless sensor network nodes deployment strategy for digital agricultural data acquisition[M]//Computer and computing technologies in agriculture Ⅲ. Berlin:Springer Heidelberg, 2010:109-113.

[84] XU Z,SHI Z,ZHANG Y,et al. Design of farmland information acqui-

sition and transmission system based on ZigBee wireless sensor network[C]//International conference on computer, networks and communication engineering(ICCNCE 2013). Atlantis Press, 2013.

[85] YE J, PENG K, WANG C, et al. Lifetime optimization by load-balanced and energy efficient tree in wireless sensor networks[J]. Mobile networks and applications, 2013, 18(4):488-499.

[86] ZHANG D, QUANTICK P C. Effects of chitosan coating on enzymatic browning and decay during postharvest storage of litchi(Litchi chinensis Sonn.) fruit[J]. Postharvest biology and technology, 1997, 12(2): 195-202.

[87] ZHANG X, ZHANG J, LIU F, et al. Strengths and limitations on the operating mechanisms of traceability system in agro food, China[J]. Food control, 2010, 21(6):825-829.

[88] 白凤霞, 戴瑞彤, 孔保华. 贮藏时间, 温度以及提取方法对高铁肌红蛋白还原酶活力的影响[J]. 食品工业科技, 2009(5):82-84.

[89] 毕厚杰, 于锡建. 一种适合于描述无限制手写字符图像的语言 CPDL[J]. 南京邮电大学学报(自然科学版), 1990, 10(1):14-20.

[90] 曹丽军, 赵彩平, 刘航空, 等. 不同耐贮性桃果实膜脂过氧化相关酶活性变化[J]. 西北农业学报, 2013, 22(1):109-113.

[91] 曹青. 基于 FPGA 的传感器数据采集及传输系统的研究[D]. 西安:西安电子科技大学, 2009.

[92] 曹新, 董玮, 谭一酉. 基于无线传感网络的智能温室大棚监控系统[J]. 电子技术应用, 2012, 38(2):84-87.

[93] 陈静. 图形模式识别方法及其在中期雪灾天气预报中的应用[J]. 应用气象学报, 2002, 13(1):109-116.

[94] 陈军, 但斌. 生鲜农产品的流通损耗问题及控制对策[J]. 管理现代化, 2008(4):19-21.

[95] 陈联诚, 胡月明, 张飞扬, 等. 农产品安全追溯系统的云计算技术性能提升设计[J]. 农业工程学报, 2013, 29(24):268-274.

[96] 陈翔, 刘军丽. ECA 规则在工作流管理系统中的应用[J]. 计算机工程, 2007, 33(13):65-67.

［97］陈永春.果蔬采后气调保鲜技术［J］.冷藏技术,2012(3):58-59.

［98］程双,胡文忠,马跃,等.鲜切果蔬酶促褐变机理及控制研究进展［J］.食品与机械,2009,25(4):173-176.

［99］程艳军.食品腐败的原因及贮藏方法［J］.中国商检,1999(2):46.

［100］邓小云,刘宏志.基于云计算的食品安全监理研究［J］.北京工商大学学报(自然科学版),2012,30(4):77-80.

［101］底欣,张百海.无线传感器网络瓶颈节点判断及路由方法研究［J］.仪器仪表学报,2011,32(9):1973-1980.

［102］董建华.油梨和芒果的呼吸,成熟与乙烯生成的变化规律［J］.热带农业科学,1991(3):78-85.

［103］樊雪梅,王利祥.云计算农产品交易平台的模式解析与作用分析［J］.黑龙江粮食,2012(5):36-39.

［104］范祥辉,李士宁,杜鹏雷,等.WSN中一种自适应无损数据压缩机制［J］.计算机测量与控制,2010,18(2):463-465.

［105］付丽,孔保华.气调包装在冷却肉保鲜中的应用［J］.肉类工业,2005(12):8-11.

［106］傅泽田,邢少华,张小栓.食品质量安全可追溯关键技术发展研究［J］.农业机械学报,2013,44(7):144-153.

［107］高敏,张继澍.1-甲基环丙烯对红富士苹果酶促褐变的影响(简报)［J］.植物生理学通讯,2001,37(6):522-524.

［108］谷雪莲,杜巍,华泽钊,等.预测牛乳货架期的时间-温度指示器的研制［J］.农业工程学报,2006,21(10):142-146.

［109］关军锋.采后鸭梨衰老与膜脂过氧化的关系［J］.沈阳农业大学学报,1994,25(4):418-421.

［110］关军峰.果品品质研究［M］.石家庄:河北科学技术出版社,2001.

［111］郭玉华,曾名勇.水产抗冻蛋白的研究进展及在水产行业的应用前景［J］.中国食品添加剂,2007(5):60-65.

［112］国家发改委.农产品冷链物流发展规划［EB/OL］.(2010-07-30)[2019-05-27].http://www.gov.cn/zwgk/2010-07/30/content_1668124.htm.

［113］韩忠良.南方梨冷藏保鲜技术［J］.浙江农业科学,2012,1(12):1702-1704.

[114] 郝晓玲,王如福.低压处理对冬枣贮藏品质及膜脂过氧化的影响[J].核农学报,2013,27(4):467-472.

[115] 何成平,龚益民,林伟.基于无线传感网络的设施农业智能监控系统[J].安徽农业科学,2010,38(8):4370-4372.

[116] 何东健,邹志勇,周曼.果园环境参数远程检测 WSN 网关节点设计[J].农业机械学报,2010,41(6):182-186.

[117] 何琳,江敏,马允,等.罗非鱼在保活运输中关键因子调控技术研究[J].湖南农业科学,2011,13(7):151-154.

[118] 何龙,闻珍霞,杨海清,等.无线传感网络技术在设施农业中的应用[J].农机化研究,2010,32(12):236-239.

[119] 惠国华,厉鹏,吴玉玲,等.基于电子鼻系统的水果腐败过程表征方法[J].农业工程学报,2012,28(6):264-268.

[120] 霍晓娜,李兴民,南庆贤,等.不同包装形式和复合天然抗氧化剂对猪肉脂肪氧化的影响[J].食品科学,2006,27(7):240-244.

[121] 姜兴为,杨宪时.水产品腐败菌与保鲜技术研究进展[J].湖南农业科学,2010,15(8):100-103.

[122] 蒋建明,史国栋,李正明,等.基于无线传感器网络的节能型水产养殖自动监控系统[J].农业工程学报,2013,29(13):166-174.

[123] 蒋卫寅,李斌,凌力.针对无线传感网络的内存数据压缩算法[J].微型电脑应用,2011(5):1-3.

[124] 康萍,杜来红.基于 XML 的物流数据交换技术[J].西北大学学报(自然科学版),2010,40(6):979-982.

[125] 孔凡真.冷却肉的腐败变质与保鲜包装技术[J].肉类工业,2006(11):3-4.

[126] 李彬,王文杰,殷勤业,等.无线传感器网络节点协作的节能路由传输[J].西安交通大学学报,2012,46(6):1-6.

[127] 李富军.1-MCP 对几种果实衰老的效应及调控机制研究[J].山东农业大学学报,2004(6):50-60.

[128] 李辉.基于因果方法的牛肉质量安全追溯系统研究[D].北京:中国农业大学,2009.

[129] 李劲,程绍艳,李佳林,等.基于 ZigBee 技术的无线数据采集网络[J].

测控技术,2007,26(8):63-65.

[130] 李盛辉,夏春华.基于无线传感网络的农业视觉智能车测试平台设计[J].中国农机化学报,2013,34(3):229-232.

[131] 李湘利,张子德,刘静.肉类保鲜机理研究现状及发展趋势[J].肉类工业,2005(7):15-17.

[132] 李小平,陈锦屏,张富新.茶多酚对鸵鸟肉脂肪氧化及色泽稳定性的影响[J].食品与发酵工业,2011,37(3):187-190.

[133] 李晓波.微生物与肉类腐败变质[J].肉类研究,2009(9):41-44.

[134] 励建荣,刘永吉,李学鹏,等.水产品气调保鲜技术研究进展[J].中国水产科学,2010,17(4):869-877.

[135] 刘程惠,胡文忠,何煜波,等.鲜切果蔬病原微生物侵染及其生物控制的研究进展[J].食品工业科技,2012,33(18):362-366.

[136] 刘春英.基于云计算的农产品产销信息服务平台建设研究[J].价值工程,2013,32(20):212-215.

[137] 刘红霞.基于云计算和 RFID 技术的农产品追溯系统研究[J].电子测试,2013(24):84-86.

[138] 刘静.鲜食葡萄冷链运输监测方法研究[D].北京:中国农业大学,2013.

[139] 刘璐,岳峻,张健,等.水产品冷链管理决策模型的构建[J].农业工程学报,2010,26(8):379-385.

[140] 刘庆润.气调包装在水产品保鲜中的应用现状及最新发展趋势[J].中国水产,2009(4):60-63.

[141] 刘少强,汪立林.一种面向 WSN 节点的数据压缩简化算法[J].传感技术学报,2009,22(9):1333-1336.

[142] 刘树.基于 BOM-Petri 模型的肉类食品质量可追溯系统研究[D].北京:中国农业大学,2009.

[143] 刘铁流,巫咏群.基于能量优化的无线传感器网络分簇路由算法研究[J].传感技术学报,2011,24(5):764-770.

[144] 刘伟东.大菱鲆(Scophthalmusmaximus)保活的基础研究[D].青岛:中国海洋大学,2009.

[145] 刘燕德,吴滔.基于无线传感网络的果园环境实时监控系统设计[J].湖

北农业科学,2011,50(21):4469-4472.

[146] 卢功明,张小栓,穆维松,等.牛肉加工质量可追溯数据采集与传输方法[J].计算机工程与设计,2009,30(15):3657-3659.

[147] 芦婕,张晓丽,刘雯,等.光照强度对盾叶薯蓣试管苗膜脂过氧化的影响[J].河南农业科学,2013,42(7):94-96,102.

[148] 陆胜民,王阳光,席玛芳,等.气调包装和乙烯吸收剂对梅果叶绿素含量,叶绿素酶活性与乙烯释放的影响[J].果树学报,2004,21(1):88-90.

[149] 罗武骏,陶文凤,左加阔,等.自适应语音压缩感知方法[J].东南大学学报(自然科学版),2013,42(6):1027-1030.

[150] 吕飞,陈灵君,丁玉庭.鱼类保活及运输方法的研究进展[J].食品研究与开发,2013,33(10):225-228.

[151] 马汉军,周光宏,徐幸莲.高压处理对牛肉肌红蛋白及颜色变化的影响[J].食品科学,2005,25(12):36-39.

[152] 马丽珍,南庆贤,戴瑞彤.不同气调包装方式对冷却猪肉在冷藏过程中的理化及感官特性的影响[J].农业工程学报,2003,19(3):156-160.

[153] 毛小燕.气调库气调监控系统的设计[D].杨凌:西北农林科技大学,2002.

[154] 米红波,侯晓荣,茅林春.鱼虾类保活运输的研究与应用进展[J].食品科学,2013,34(13):365-369.

[155] 潘良勇.无线传感网络下的数据融合技术研究[D].武汉:武汉理工大学,2012.

[156] 彭斌,韩广钧.冷藏库空气相对湿度状况分析与合理控制[J].山东食品发酵,2001(4):16-18.

[157] 彭国勋,柴培英.果蔬保鲜工艺与技术[J].包装与食品机械,1996,14(1):23-30.

[158] 屈正庚.一种高效节能的无线传感网络动态路由算法[J].计算机与数字工程,2012,40(11):86-88.

[159] 任昕.水产品加工过程质量安全可追溯系统研究[D].北京:中国农业大学,2009.

[160] 盛平,郭洋洋,李萍萍.基于 ZigBee 和 3G 技术的设施农业智能测控系

统 [J].农业机械学报,2012,43(12):229-233.

[161] 史兵,赵德安,刘星桥,等.基于无线传感网络的规模化水产养殖智能监控系统[J].农业工程学报,2011,27(9):136-140.

[162] 史兵,赵德安,马正华,等.面向规模化水产养殖的无线传感网络构建[J].农机化研究,2012,34(11):214-217.

[163] 史贤明.食品安全与卫生学[M].北京:中国农业出版社,2003.

[164] 水柏年.千岛湖鳙鱼保活运输技术[J].渔业现代化,2007,34(2):56-59.

[165] 孙佩刚,赵海,罗玎玎,等.无线传感器网络链路通信质量测量研究[J].通信学报,2007,28(10):14-22.

[166] 孙芝杨,钱建亚.果蔬酶促褐变机理及酶促褐变抑制研究进展[J].中国食物与营养,2007(3):22-24.

[167] 滕红丽,李金城,路康,等.基于无线传感网络的作物环境监测系统设计[J].农业网络信息,2013(12):26-29.

[168] 田密霞,胡文忠,王艳颖,等.鲜切果蔬的生理生化变化及其保鲜技术的研究进展[J].食品与发酵工业,2009,35(5):132-135.

[169] 万树平.基于信噪比的多传感器数据融合方法[J].传感技术学报,2008,21(1):178-181.

[170] 汪益民.一种无线传感网络拓扑算法新的改进[J].电脑知识与技术,2010,6(14):3618-3619.

[171] 汪增福.模式识别[M].合肥:中国科学技术大学出版社,2010.

[172] 王锋.农业企业实施可追溯系统的关键因素分析[D].北京:中国农业大学,2009.

[173] 王海燕,彭增起.肌红蛋白的功能特性[J].肉类工业,2001(7):36-40.

[174] 王浩.基于 ZigBee 技术的食品冷库环境监测报警系统设计[J].泰山学院学报,2013(6):58-64.

[175] 王继良,周四望,唐晖.基于回归的无线传感器网络数据压缩方法[J].计算机工程,2011,37(23):96-98.

[176] 王雷.果蔬采后病害的发生及控制病害的主要方法[J].蔬菜,2009(12):34-36.

[177] 王茜,王岩.无线城域网 WiMAX 技术及其应用[J].电信科学,2005,20(8):27-30.

[178] 王书涛,车仁生,王玉田,等.基于光声光谱法的光纤气体传感器研究[J].中国激光,2004,31(8):979-982.

[179] 王晓思,孙静,林峰,等.基于云计算和 RFID 技术的农产品物流信息系统研究[J].安徽农业科学,2013,41(7):3201-3202.

[180] 王杨,顾英男.我国农产品冷链物流的研究[J].物流工程与管理,2010(9):4-5.

[181] 王毅,贺稚非,陈红霞,等.伊拉兔肉肌内脂肪酸组成及温度对其脂肪氧化的研究[J].食品工业科技,2013,34(20):140-143.

[182] 王毓芳,郝凤.过程控制与统计技术[M].北京:中国计量出版社,2001.

[183] 王忠学,荆宝中,桥梁.机场跑道电视目标图像跟踪与识别方法研究[J].系统工程与电子技术,1996,18(6):59-67.

[184] 王矗,郝晓强,魏德宝.基于 WSN 和 GPRS 网络的远程水质监测系统[J].仪表技术与传感器,2010(1):48-49.

[185] 危辉,何新贵.直线发现中用于组合优化的模拟退火算法[J].计算机工程与设计,2000,21(3):6-11.

[186] 危辉,刘斌.一种基于 3-像素基元组合的直线描述与检测方法[J].模式识别与人工智能,2007,20(4):439-449.

[187] 维基百科.条形码[EB/OL].(2014-08-27)[2019-05-21].https://zh.wikipedia.org.

[188] 魏清凤,罗长寿,孙素芬,等.云计算在我国农业信息服务中的研究现状与思考[J].中国农业科技导报,2013,15(4):151-155.

[189] 温铁军.三农问题与世纪反思[M].上海:生活·读书·新知三联书店,2005.

[190] 邬学军,孟利民,华惊宇,等.基于能量控制的无线传感网络最优化算法研究[J].传感技术学报,2011,24(3):436-439.

[191] 吴际萍,程君晖,王海霞,等.淡水活鱼运输现状及发展前景[J].农技服务,2008(3):72-73.

[192] 肖香,董英,祝莹,等.真空包装水晶肴肉加工及贮藏过程中的菌相研究[J].食品科学,2013,34(15):204-207.

[193] 肖新清,齐林,傅泽田,等.基于压缩感知的鲜食葡萄冷链物流监测方法[J].农业工程学报,2013,29(22):259-266.

[194] 谢晶,张青.MAP,CAP 技术保存荔枝的研究[J].食品科学,1999,20
(12):60-62.

[195] 邢少华.水产品冷链物流安全评价方法研究[D].北京:中国农业大学,
2013.

[196] 徐洁.基于 XML 的污染源自动监控信息交换实现方法[J].科技信息,
2010(36):47-48.

[197] 徐萍,曾兴斌,何加铭.能量有效的无线传感网络节点调度算法研究
[J].宁波大学学报(理工版),2013,26(1):28-32.

[198] 许磊,李千目,戚湧.无线传感网数据信息的一种压缩算法[J].电脑开
发与应用,2013,26(12):1-3.

[199] 许益民.肉类腐败的类型和原因[J].中国动物保健,2005(10):35-36.

[200] 阎太平,刘亚东.提高活鱼运输成活率的方法与措施[J].现代农业,
2006(5):54-55.

[201] 杨爱洁,沈焱鑫,金丹娜,等.基于无线传感器网络的果园数字信息采集
与管理系统[J].农业工程,2011(1):37-41.

[202] 杨汝德,许喜林,罗立新,等.现代工业微生物学[M].广州:华南理工大
学出版社,2001.

[203] 杨远洪,沈铭.光纤 Sagnac 温度传感器信号检测技术[J].北京航空航
天大学学报,2006,32(3):316-319.

[204] 杨哲,卢豪良,蔺晓丽.复合增效抗氧化剂对降低猪油贮存中脂肪氧化
的影响[J].湖南饲料,2013(4):12-14.

[205] 殷蔚申.食品微生物学[M].北京:中国财政经济出版社,1991.

[206] 尹彦鑫,郑永军,徐博,等.基于无线传感网络的耕种机具空间力监测系
统开发与试验[J].农业工程学报,2013,29(8):62-68.

[207] 尹震宇,赵海,徐久强,等.WSN 中基于分簇路由的多维度数据压缩算
法研究[J].电子学报,2009,37(5):1109-1114.

[208] 于亮亮.基于 WSN 的农业环境信息监测节点设计与开发[D].北京:中
国农业大学,2013.

[209] 余华,吕宁波.基于无线传感器网络的农田信息采集系统的研究[J].河
南农业科学,2011,40(5):177-180.

[210] 张海伟,哈益明,王锋.包装形式对辐照冷却猪肉糜脂肪氧化的影响

[J].核农学报,2006,20(2):128-131.

[211] 张海英,韩涛,王有年,等.水杨酸对采后桃果实脂氧合酶及相关指标的影响[J].林业科学,2005,41(3):182-185.

[212] 张健.肉类食品质量安全可追溯系统研究[D].北京:中国农业大学,2007.

[213] 张健凯,李永乾,李玲,等.茶多酚和维生素 C 对腌制猪肉亚硝酸盐残留量和脂肪氧化的影响[J].食品工业科技,2013,34(15):335-338.

[214] 张俊涛,李媛,陈晓莉.基于无线传感网络的果树精准灌溉系统[J].农机化研究,2014,36(2):183-187.

[215] 张嫒,周光宏,徐幸莲.冷却牛肉的气调保鲜包装[J].食品科学,2004,25(2):179-183.

[216] 张明,朱俊平,蔡骋.WSN 中基于压缩感知的数据收集方案[J].计算机工程,2012,38(20):68-71.

[217] 张荣标,谷国栋,冯友兵,等.基于 IEEE 80211514 的温室无线监控系统的通信实现[J].农业机械学报,2008,39(8):119-122.

[218] 张向东,李育林,彭文达,等.光纤光栅型温湿度传感器的设计与实现[J].光子学报,2003,32(10):1166-1169.

[219] 张欣露,王成,吴勇,等.集成传感器电子标签在农产品溯源体系中的应用[J].农业机械学报,2009(S1):129-133.

[220] 张洵,王鹏,靳东明.一种新型的 CMOS 温度传感器[J].半导体学报,2005,26(11):2202-2202.

[221] 赵君.苹果贮藏保鲜技术[J].现代农业科技,2013(8):80-81.

[222] 赵亮,黎峰.GPRS 无线网络在远程数据采集中的应用[J].计算机工程与设计,2005,26(9):2552-2554.

[223] 郑海鹏.肉类腐败微生物[J].肉类研究,2008(8):54-59.

[224] 郑会龙,梁智淳,谭卫军,等.以云计算技术建设高端农产品物流系统的研究[J].现代食品科技,2012,28(12):1839-1843.

[225] 周琴,戴佳筑,蒋红.无线传感器网络数据融合路由算法的改进[J].计算机工程,2010,36(19):148-153.

[226] 周怡窈,凌志浩,吴勤勤.ZigBee 无线通信技术及其应用探讨[J].自动化仪表,2005,26(6):5-9.

［227］周颖军.气调保鲜技术在果蔬贮藏中的研究现状和发展趋势［J］.现代园艺,2012(24):6.

［228］朱丽雅.电子商务发运跟踪系统的数据交换方案及实现［J］.微计算机信息,2010(30):135-137.

［229］朱永立,王果,郁少龙.无线传感网络模糊冗余度混合通信算法研究［J］.河南师范大学学报(自然科学版),2013,41(4):70-72.

［230］邹波.浅谈农产品保鲜过程中有氧呼吸和无氧呼吸［J］.农村实用工程技术:温室园艺,2005(5):63.

［231］祖芸.信息论:基础理论与应用［M］.北京:电子工业出版社,2001.